# 수학의 오메가

# 수학의 오메가

ⓒ 이동선 · 조장훈, 2019

초판 1쇄 발행 2019년 2월 28일

지은이      이동선 · 조장훈
펴낸이      이기봉
편집        좋은땅 편집팀
펴낸곳      도서출판 좋은땅
주소        경기도 고양시 덕양구 통일로 140 B동 442호(동산동, 삼송테크노밸리)
전화        02)374-8616~7
팩스        02)374-8614
이메일      so20s@naver.com
홈페이지    www.g-world.co.kr

ISBN    979-11-6435-060-5 (53410)

고등학생의 눈으로 수의 비밀을 파헤치다

# 수학의 오메가

**조장훈** 저 | **이동선** 공저　　　　첫 번째 이야기

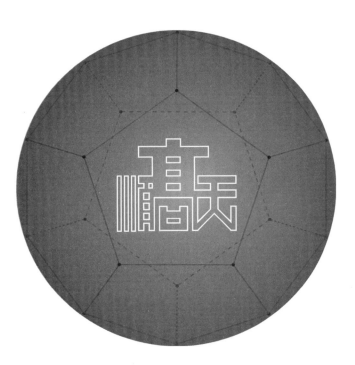

$$i \neq \sqrt{-1}$$　　　　$$(-1) \times (-1) = ?$$

# 공식 없이 **수학 고수**되기!!
# 수학은 결코 **어려운 학문이 아니다!**

자연수부터 각수에 이르는 여러 가지 수를 배움으로써 수를 이해한다.

좋은땅

## 저자의 말

이 책을 읽는 당신은 '수학의 오메가 가족'이 되셨습니다. 앞으로 추가되는 책에서도 여러분과 함께 소통하고 수학에 관한 여러 가지 이야기를 나누려고 합니다.
함께 이야기하다 보면 어느새 수학의 전체 모습을 그리실 수 있을 거라 생각합니다.
비록 얼굴을 마주보고 하는 이야기는 아니지만, 제가 여러분들께 전하고자 하는 내용이 잘 전달됐으면 좋겠습니다.

이 책은 수학에 대한 기초지식이 없는 초등학생을 대상으로 테스트를 한 후에 만들어졌습니다.
다시 말해서 초등학생이라 할지라도 여유를 가지고 책을 읽다 보면 수를 보다 폭넓게 이해할 수 있는 눈을 가질 거라 확신합니다.
물론, 학부모님께서 함께 읽으시고 도와주신다면 훨씬 쉽게 이해할 수 있습니다.

이 책을 통하여 수학은 결코 어려운 학문이 아니라는 것을 보여드리고 싶습니다.
그 첫 번째 단계로 수학에서 이용되는 기본적인 수들에 대한 이해는 반드시 필요하다고 느껴 이 책에서 **수에 관한 이야기**를 다루려고 합니다.

이 책에서는 자연수, 자연수를 확장한 정수, 유리수, 제곱근과 관련된 수들, log, 그리고 sin, cos에 대해서 나름의 방법으로 접근을 해보았습니다.

그리고 최종적으로 **회전각을 가진 벡터(각수)**를 소개하려고 합니다.

 우리가 배웠던 복소수는 이 책에서 공부하게 되는 각수의 특수한 경우입니다.

이 책의 중반부부터 소개하는 '**각수**'를 초등학생이라 할지라도 쉽게 이해할 수 있다는 사실에 깜짝 놀랐습니다.

 지금부터 여러분은 자연수부터 복소수를 지나 각수에 이르는 여러 가지 수를 배움으로써 수에 대한 전반적인 이해를 할 수 있을 겁니다.

또한 고등학생들뿐만 아니라 이 책을 보는 초등·중학생들도 기하와 벡터를 더 쉽게 이해하고 활용하여 4차 산업의 다양한 분야를 준비하는 인재가 되기를 희망합니다.

 이 책을 쓰게 된 동기를 부여해주신 '이성진' 선생님께 고마움을 표하며 출판에 도움을 주신 '좋은땅' 관계자분들과 '교우사'의 '남궁양' 부장님께도 감사의 말씀을 드립니다.

2019년 2월 19일

차례
C O N T E N T S

## ※ 수란 무엇인가?

수란 자연계 또는 자연계 밖에서 일어나는 현상들을 논리적으로 가장 간결하게 표현한 기호입니다.

따라서 수에 대해서 잘 안다는 것은 자연계 또는 자연계 밖에서 일어나는 많은 현상들을 폭넓게 이해할 수 있는 능력을 가지고 있다는 의미를 내포하고 있습니다.

다양한 자연계의 현상을 수로 표현할 수 있게 된 이후로 표현된 수를 이용하여 물리현상의 일반적인 규칙을 발견하고 있습니다.
그러한 규칙을 통하여 자연현상을 사람에게 유리하게 사용할 수 있게 되고 미래에 대한 예측을 할 수 있게 됩니다.

수를 배우는 과정은 자연계에서의 현상, 또는 자연계 밖에서의 현상까지도 가장 빠르게 이해할 수 있는 도구를 얻는 과정입니다.

특히 이 책에서 소개하는 **각수** 개념을 정확히 이해하신다면 벡터와 실수가 공간에서 어떻게 상호작용을 하고 있는지, 왜 두 벡터를 곱하면 수직방향의 벡터가 만들어지는지를 정확히 이해하실 수 있습니다.

기초적인 수 체계 또는 공간에 대한 다양한 수 체계뿐만 아니라 상상의 공간마저도 수로 다룰 수 있는 능력을 갖춤으로써 미래에 대한 준비를 탄탄하게 할 수 있는 계기가 되었으면 합니다.

여러 번 말씀 드리겠지만 이 책에서의 새로운 용어(**각수**, **구면각수**, 등등)는 수를 쉽게 알아보고 이해하기 위해 만든 것입니다.
또한 새로 만든 수학 기호(대괄호)도 각수와 벡터를 간편하게 해석할 수 있도록 만든 기호입니다.
절대 공식적으로 인정된 용어나 기호는 아닙니다.

앞으로 이 용어들과 기호가 공식적으로 인정받고 쓰이기를 희망합니다.
왜냐하면 이 용어들과 기호들은 수를 가장 편하게 이해할 수 있도록 도와주기 때문입니다.

이상으로 수에 대한 개인적인 견해를 적어봤습니다.

수 : $0, 1, 2, \sqrt{3}, \sqrt[3]{7}, \log_{10}7, \sin10°, \cos30°, |A|, \cdots$

각수표기 : $+, -, i, [30°], \dfrac{\sqrt{3}}{2}+\dfrac{1}{2}i, \cdots$

구면각수 : $[i:45°][j:15°], \dfrac{\sqrt{2}}{2}i-\dfrac{\sqrt{3}}{2}j, \cdots$

연산자 : $+, -, \times, \div, \dfrac{\square}{\square}, \%, \sqrt{\phantom{x}}, !, \log, \sin, \cdots$


**좁은 의미의 수** : 단순히 크기(scalar)만을 나타내는 수
**일반적인 수** : 이 책에서 소개하는 각수(angle number)
**넓은 의미의 수** : 기호와 수식으로 정의 가능한 모든 수


이 책에서의 모든 수는 **각수**입니다.
이 책에서는 '**대괄호**' [ ]를 이용하여 각수를 나타냅니다.
생략할 경우 $[0°]$, $[360°\times n]$ ($n$은 정수)를 나타냅니다.
'$-$'(마이너스) 기호는 $[180°+360°\times n]$ ($n$은 정수)를
의미하지만, 대개는 $[180°]$를 의미합니다.


**연산자란?**
어떤 현상을 수치로 나타낼 때, 일반적인 수로 나타내기
힘든 경우 기호를 사용하거나 일정한 계산 방식을 이용하
는데, 이런 것들을 **연산자**라 합니다.
**연산자**는 **수** 또는 **수식**을 **포함**할 수 있습니다.
추가적으로 제곱의 형태처럼 특정한 위치가 연산자의 역할
을 할 수도 있습니다.

＋ 연산자 : 증가의 의미를 나타내는 연산자로써 앞뒤의 **수식**을 더하고 방향의 역할은 하지 않습니다.

(공존의 의미, 곱셈처럼 다른 성분요소 상호간 작용 없음)

－ 연산자 : 감소의 의미를 나타내는 연산자로써 앞의 **수식**에서 뒤의 **수식**을 빼고 방향의 역할은 하지 않습니다.

※ 이 책에서 '＋' 또는 '－'를 **연산자** 또는 $[0°]$, $[180°]$의 '**각**'으로 혼용해서 사용합니다.

이 책에서는 순수하게 크기만을 가진 수(scalar)와 크기와 방향을 가진 수(vector), 연산자의 정의를 이용하여 나타낸 수식을 모두 '**수**'로써 생각합니다.

\* 여기에서 수와 연산자는 개인적으로 정의한 것이며, 책 내용 중에 나오는 개념들도 실제 정의와는 다를 수 있으니 양해 부탁드립니다.

## - 수식 읽기

| | |
|---|---|
| $\dfrac{5}{7}$ | 7분의 5 |
| $(a+b)(c+d)$ | $a$ 플러스 $b$ (곱하기) $c$ 플러스 $d$ |
| $3^2$ | 3의 제곱 |
| $a^7$ | $a$의 7제곱 |
| $\sqrt{2}$ | 루트 2 (또는 제곱근 2) |
| $\sqrt[3]{5}$ | 3 제곱근 5 |
| $\sqrt[7]{3}$ | 7 제곱근 3 |
| $\log 3$ | 로그 3 (밑이 10인 $\log$) |
| $\log_2 5$ | 로그 2의 5 |
| $\ln 3$ | 자연로그 3, 엘엔 3 ($\log_e 3$의 축약형) |
| $\sin 30°$ | 싸인 30도 |
| $\sin^2 60°$ | 싸인 제곱 60도 |
| $\cos 45°$ | 코싸인 45도 |
| $\cos^3 15°$ | 코싸인 세제곱 15도 |
| $\tan \dfrac{\pi}{6}$ | 탄젠트 6분의 파이 |
| $2[15°]$ | 2 (곱하기) (**각**) 15도 |
| $2[u:15°]$ | 2 (곱하기) (벡터) 유 (**각**) 15도 |
| $\vec{u}$ | 벡터 유 (또는 유 벡터) |
| \|A\| | 절댓값 A 또는 A의 절댓값 |

| | | |
|---|---|---|
| $\alpha$ (알파) | $\beta$ (베타) | $\gamma$ (감마), $\Gamma$ 는 대문자 |
| $\theta$ (쎄타) | $\rho$ (로-) | $\pi$ (파이) |

| | |
|---|---|
| $P(a, b)$ | 피 에이 컴마 비 |
| $5i$ | 5 아이 |
| $5!$ | 5 팩토리얼(factorial) |
| $n!$ | $n$ 팩토리얼 |
| $_5\mathrm{C}_2$ | 5 씨 2 |
| $\displaystyle\sum_{k=1}^{n}(2k+1)$ | 시그마 $k$는 1부터 $n$까지 $2k+1$ |
| $\displaystyle\prod_{k=1}^{n}k$ | 파이 $k$는 1부터 $n$까지 $k$ |
| $f(x) =$ | 에프 $x$는 |
| $\displaystyle\lim_{x \to a}$ | 리미트 $x$가 $a$로 갈 때<br>(또는 리미트 $x$가 $a$의 근방일 때) |
| $\dfrac{dy}{dx} =$ | $dx$분의 $dy$는 |
| $e^{x}$ | $e$의 $x$제곱 |
| $\displaystyle\int_{1}^{2}xdx$ | 인티그랄 1부터 2까지 $xdx$ |

\* $\dfrac{dy}{dx}$를 읽는 방법에 대하여 학교에서 배울 때,

$dy/dx$는 분수가 아니기에 '디와이디엑스'로 읽으라고 합니다. 하지만 '수학의 오메가'에서는 '$dx$분의 $dy$'라고 읽겠습니다. $dy$와 $dx$는 '**무한소**'라는 '**수**'로,
벡터연산자($\overrightarrow{\nabla}$)처럼 미분하라는 기호가 아니기 때문입니다.
'수학의 오메가'에서는 $\infty$(무한대)도 '**수**'로 간주하겠습니다.

저는 학교에서 $i = \sqrt{-1}$ 이라고 배웠습니다.

학교에서뿐만 아니라 한국인의 블로그에서 $i$에 대한 정의를 $\sqrt{-1}$로 내린 것을 쉽게 찾아 볼 수 있습니다.

하지만 **영문 위키백과사전에서는 찾아보기 힘듭니다.**

이 책이 출간된 이후로는

$i = \sqrt{-1}$로 정의하는 사람이 없었으면 좋겠습니다.

이 책은 여러분이 수학을 보다 정확하게 이해하는 것을 목표로 하고 있습니다.

선생님 한 분께서는 이렇게 말씀하셨습니다.

"현재의 수학이란 완전하게 정립되어 있는 학문이다.

그래서 우리는 그것을 그대로 배우기만 하면 된다."

선생님의 말씀에 갑자기 **도전정신**이 생기더군요.

'그래? 그럼 완전하게 정립되어 있는지 확인해보자!'

그래서 문제가 있는지 없는지 생각하던 중,

이차방정식에서 배웠던 $i$가 불완전하다는 것을 느꼈고

마침내 확인까지 하게 되었습니다.

제가 글 쓰는 능력이 많이 부족합니다.
따라서 독자 여러분께서 이 책을 이해하시는데 어려움이 있을 수도 있습니다.
너그러운 마음으로 제가 무엇을 전하려 하는지 곰곰이 생각해 보시면서 읽어주시면 감사하겠습니다.

이 책은 초등학생이 이해할 수 있을 만큼 쉽습니다.
초등학생도 초반부분은 혼자 힘으로 이해할 수 있으나, 중·후반부터는 관련 지식을 가지고 있는 사람의 도움이 조금은 필요합니다.

이 책에 모든 내용을 다 적을 수는 없기 때문에 중요한 내용을 중심으로 전개했습니다.
특히 벡터에 대한 설명은 가장 필요한 부분만을 적어 두었기 때문에 폭넓은 이해를 위해서는 관련 내용에 대한 지식을 어느 정도 가지고 있으면 좋습니다.

이 책에서 제가 전달하고자 하는 내용은 흔히 사용하는 수에 관한 기본적인 개념과 기초적인 사용법에 관한 것입니다.
그리고 새로운 방법으로 정의된 각수와 쌍곡각수를 통해서 수의 개념을 보다 쉽게 이해하고 활용하는 것이 이 책을 쓴 목적입니다.

기존 수체계의 애매한 정의는 이 책으로 인해 사라지기를 희망하고 있습니다.

이 책의 내용 또한 오류가 있을 수도 있습니다.
왜냐하면 제가 수학을 바라보는 관점을 가감 없이 적은 글이기 때문입니다.

그럼에도 불구하고 이 책을 끝까지 읽으신다면

$$i \neq \sqrt{-1}$$

라는 사실이 분명하다는 것을 확인하실 수 있습니다.

만약 $i \neq \sqrt{-1}$ 라는 사실을 확실히 느꼈다면
드디어 당신은 수에 대한 기초 개념과 논리적 사고를 할 수 있는 능력에 한걸음 다가선 것입니다.

이 책을 이해하신 후에
대부분의 사람들이 옳다고 생각하는 '$i = \sqrt{-1}$ 이다.' 라는 명제가 과연 참인지 거짓인지 꼭 판단해 보십시오.

자! 그럼 출발해 봅시다.

# 1 부

## 간단한 정의에 의한 수
### (일차원 수)

# 1장 의문의 시작

(−1)×(−1)=+1 이란 등식을 보았을 때,
어떤 원리에 의해 저러한 결과가 나오는지
궁금해서 여기저기 아는 지인들에게 물었습니다.
중학교에서 처음 배웠을 때, 수학 선생님께 여쭈어 보면
'마마플로 외우면 된다.', '나중에 대학원 가면 알게 된다.'
라는 대답을 들었습니다.
그러다가 '이동선 선생님'을 만나게 되었고
(−1)×(−1)=+1이 되는 이유를 배우게 되었습니다.
선생님께 수의 기초적인 부분을 다 배운 후,
수에 대한 더 많은 궁금증이 생기기 시작했습니다.
그러한 궁금증을 해결하기 위해 5년 이상을 틈만 나면 자
리에 앉아서 계산하고 생각하다 보니 '모소낭'이라는 병을
앓기도 했습니다.
그리고 마침내 **'각수'**를 발견하게 되었습니다.

일단 수에 대한 가장 기초적인 내용은 알고 있다고 생각
하고 수업을 진행 하겠습니다.
여기에서는 학생 두 명이 독자 여러분을 대신하여 질문하
고 대답하면서 수업 진행을 도와줍니다.
여러분도 저의 학생이 되었다고 생각하시고 함께 이야기
하면서 **'수'**에 대한 의문을 풀어봅시다.

우아... 장훈쌤이다. 반가워요.

 유미, 우성, 그리고 독자님! 반가워요.
여러분! 바로 수업에 들어가죠?

 에? 자기소개가 있어야 하지 않나요?

 흠흠...!!! 자, 수업 시작합니다.

 와! 멋있다!

 음... 그냥 평범하고만...
웬 호들갑?

 조용히 하고 집중!
수업 중에는 수업에만 열중하시기를...

 네네! 아무튼 반갑습니다.

 Let's Go!!!

일반적으로 우리가 가장 먼저 배우는 수는 **자연수**입니다.
다음으로 '0'이라는 수를 배우게 되는데,
'0'의 등장으로 수의 범위도 확대되지만, 수많은 연산자들
역시 완벽한 정의가 가능하게 됩니다.
가장 흔히 쓰는 덧셈(+), 뺄셈(−) 연산자를 포함하여
가장 기초적이고도 유용한 곱셈(×), 나눗셈(÷) 연산자의
정의는 '0'으로 인하여 정의될 수 있는 연산자들입니다.

그럼 먼저 자연수에 대해 이야기할게요.
자연수는 우리가 흔히 사용하는 1, 2, 3, ...처럼
**1을 한 번 이상 더해서 만들 수 있는 수랍니다.**

이제 이 자연수가 어떻게 정수로 확대되는지에 대해 이야
기해볼 거예요.

$3+5=$ ☐

$3-5=$ ☐

위의 두 식에서 '0'을 이용하여 식의 결과를 나타낸다면 어
떻게 될까요?

 '0'을 이용해서요? 어떻게 하라는 거지?
첫 수업부터 너무 빡빡한 거 아니에요?

 흠... 이렇게 써도 될까요?

$3+5=$ $0+8$

$3-5=$ $0-2$

어? 정말 '0'을 사용했네요. 이해가 돼요.
특히 3−5는 2−4와도 같고, 그렇게 표현한다면 0−2도 같다고 할 수 있겠네요.

맞아요.
여기서 수학자들은 식의 **간결성**을 위해 '0'을 쓰는 것을 생략하기로 합니다.
'0'을 생략한 후에 부호가 '+'이면 **양의 정수**로, '−'이면 **음의 정수**로 정의함으로써 수의 범위를 자연수에서 **정수**로 확대하게 되죠.
물론 '0'도 정수에 포함됩니다.
앞으로 '+' 또는 '−' 부호를 가진 자연수는 이제부터 정수라고 부르기로 해요.
'0'은 양의 정수도 음의 정수도 아닌 정수이고요.

넵!!!

이제부터 이 정수들의 연산을 살펴보기로 하죠.

'연산'이 뭐에요?

음... 그냥 **계산하는 과정**이라고 생각하면 됩니다.

알겠습니다.

## 주머니 모델

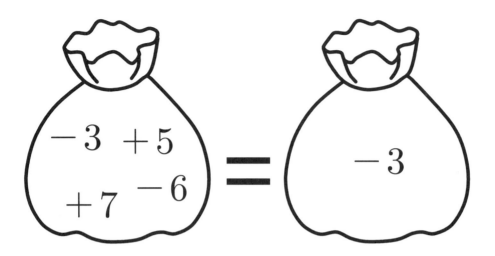

 자, 왼쪽 주머니는 비어있는 상태에서 −3, +5, +7, −6의 정수를 주머니 안에 넣었어요. 오른쪽은 +3이라는 정수를 넣었고요.

그런데 이 두 개의 주머니는 같은 **양**을 나타냅니다.

여기서 왼쪽 주머니를 식으로 표현해 볼 수 있나요?

 $(-3)+(+5)+(+7)+(-6)$ 아닌가요?

 맞아요.

그리고 주머니 안에 있는 각각의 수를 이제부터 '**항**'이라고 부를 거예요.

앞으로 주머니 모델을 종종 사용할 건데요.

주머니의 처음 상태는 항상 '0'이랍니다.

비어있는 주머니('0'인 상태의 주머니)에 수를 넣는 사건(행위)은 **더한다**(+)는 것을 의미합니다.
그리고 주머니에서 수를 꺼내는 사건을 **뺀다**(−)고 표현할 거예요.

 처음 상태가 '0'인 상태, 즉 아무것도 없을 때도 꺼낼 수 있나요?

 네, 이제부터 그런 내용을 조금씩 공부할 거예요.

그럼 유미가 말한 $(-3)+(+5)+(+7)+(-6)$식을 좀 더 간결하게 표현해 보도록 하죠.

위의 수식에서 따라오는 항들이 '+' 또는 '−' 부호를 가지고 있는 경우, 우리는 그 앞에 있는 '+'(플러스) 연산자를 생략하기로 합니다.

그러면 위 식은
$-3+5+7-6=3$ 처럼 쓸 수 있어요.

이렇게 '+' 연산자는 따라오는 수가 '+' 또는 '−'의 부호를 가지고 있다면 생략할 수 있답니다.

 아! 그렇게 하니까 훨씬 간단해 보여요.

그렇죠. 식은 간결할수록 이해하기가 쉬워집니다.

예를 들면, 1+1 보다는 2라고 표현하는 것이 훨씬 간결합니다. 앞으로 나오는 많은 문자와 연산자들이 포함된 식들을 최대한 간결하게 하는 것이 수를 이해하는 데 있어서 필수라는 거 알고 계셔야 해요.

 네, 알겠습니다.

 음, 수업이 능동적이라 무척 좋네요.

 헐!!! 이렇게 반응을 할 줄도 아시는군요.

 수업 진행하시죠?

 네. 정수 연산에서 '+' 연산자의 경우는 생략을 했는데 '−' 연산자도 생략이 가능합니다.

하지만 주의해야 할 점은 **따라오는 수의 부호를 바꿔줘야 한다**는 거죠.

자, 이제부터 조금은 긴 이야기를 해볼 거예요!
시작해 봅시다.

 네, 선생님!

대답을 잘해주셔서 수업 분위기가 사는군요.

 감사합니다.

 유미는 참 씩씩해요.
열심히 들어줘서 고마워요.

 히힛~!!!

 자 이제 '－'(마이너스) 연산자에 대해 살펴볼까요?

$(+3) - (+2) = +1$

$(+3) - (-2) = +5$

첫 번째 식을 이해하는 것은 어렵지 않을 거예요.

 3에서 2를 뺀 것과 같아요.

 하지만 두 번째 식은 왜 저렇게 될까요?
여기서 두 번째 식을 이해하기 위해 풍선 추 모델을 이용하려고 합니다.

 오! 웬 풍선들??? 추도 대롱대롱!!!

 언제 준비하셨대요?

## 풍선 추 모델

지면과 평행한 무한히 긴 막대가 있다고 합시다.

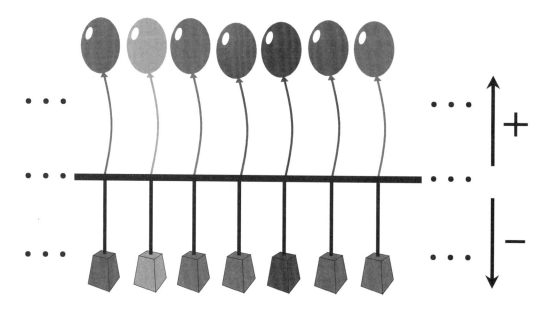

헬륨가스가 담긴 풍선이 무한 개 매달려 있고, 각 풍선에 추가 매달려 있어서 그 막대는 위로도 아래로도 힘을 받지 않는 **평형상태**(또는 정지상태)입니다.

한 개의 풍선에 의하여 막대가 위로 올라가려는 힘을 +1이라고 하고, 한 개의 추에 의하여 막대가 아래로 내려가려는 힘을 -1이라고 합시다.

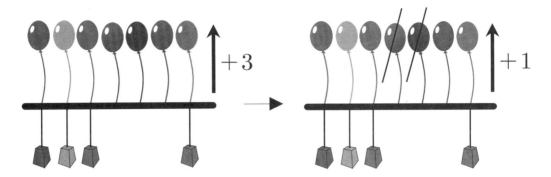

$(+3)-(+2)=+1$

첫 번째 식은 막대에 풍선 3개를 단 후 풍선 2개를 빼면, 원래의 막대('0'인 상태의 막대)에 풍선 1개를 달아 준 것과 같다고 말할 수 있어요.

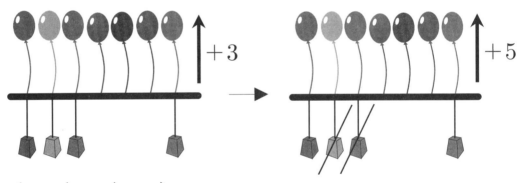

$(+3)-(-2)=+5$

두 번째 식은 막대에 풍선 3개를 달고, 추 2개를 뺀 것과 같아요. 결과적으로 풍선 5개를 달아준 것과 같은 힘이 위로 작용하는 거죠.

 오! 이해가 돼요.

 쌤!!! 천재에요.

음!!! 당연한 거 아닌가요?

 응? 왜 이렇게 춥죠?

 혹시 이해가 가지 않는 친구들은 다음 모델을 통해서 이해해 보죠?

 음... 충분히 이해한 것 같은데...
바로 넘어가도 될 것 같아요.

 흠~!
아직 이해하지 못한 학생이 있을 수도 있으니까...

 뭐지?

 쉿! 저 쌤 원래 저런대.
자기가 하고픈 말은 꼭 다 한대.

 아~ 그렇구나.

## 알약 모델

서로 같은 개수를 넣으면 투명해지는 ⊕알약과 ⊖알약이 컵 안에 담겨 있다고 합시다. 컵 안에서 ⊕알약을 빼면 ⊖알약이 생기고, ⊖알약을 빼면 ⊕알약이 생기는 거죠.

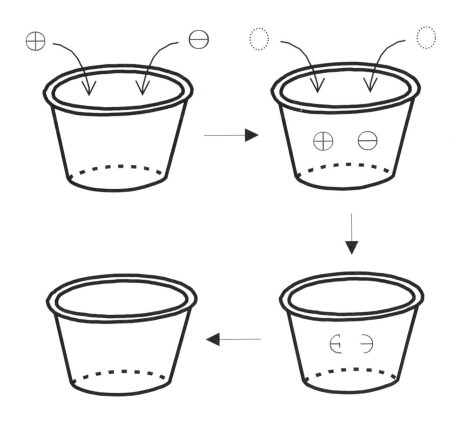

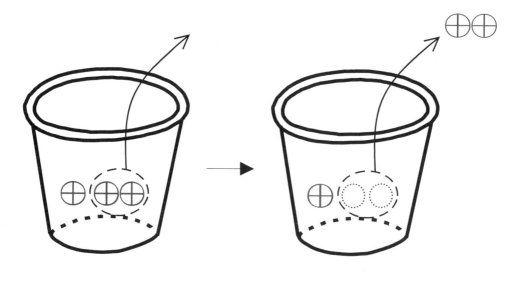

$$(+3)-(+2)=+1$$

컵 안에 ⊕알약 3개를 넣고 ⊕알약 2개를 빼면,
투명한 컵에 ⊕알약 1개를 넣은 것과 같겠죠?

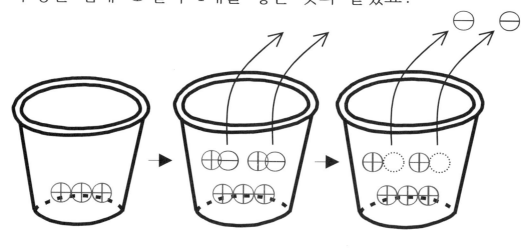

$$(+3)-(-2)=+5$$

다시 투명한 컵에 ⊕알약 3개를 넣고 ⊖알약 2개를 빼면,
컵 안에는 어떤 알약이 보이게 될까요?

⊕알약 5개가 보이겠죠!

 이제 정수의 덧셈과 뺄셈이 이해가 되나요?

 우와! 훨씬 쉬워요. 그냥 넘어갔으면 큰일 날 뻔!

 이렇게 이해해도 되는군요.
그런데 컵에는 알약이 얼마나 있나요?

 필요한 만큼은 반드시 있답니다.

이해가 되지 않으면 꼭 다시 읽고 곰곰이 생각해 보세요.

그리고 줄다리기와 같은 모델로도 '+' 연산과 '−'연산이 어떻게 전개되는지 알 수 있답니다.

 이렇게 하는 거죠?

... ⊕⊕⊕⊕⊕ ⊕⊕⊕⊕⊕ | ⊖⊖⊖⊖⊖ ⊖⊖⊖⊖⊖ ...

음... 지금까지의 모델과 달라 보이지 않는데요.

 맞아요. 사실은 다 똑같답니다.

이제부터는 곱셈 연산자를 설명합니다.
연산자는 일정한 수를 나타내기 위한 기호입니다.
×(곱셈 연산자)와 ÷(나눗셈 연산자)는 '0'과 무척 깊은 관계를 가지고 있습니다.

자, 이제 살펴볼까요?
$(+3) \times (+2)$
$(+3) \times (-2)$
첫 번째 식은 '0'에 +3을 2번 더한 수를 나타냅니다.
그렇다면 두 번째 식은 어떻게 하라는 걸까요?

 2번 빼라는 건가요?

 그래요. '0'에서 +3을 2번 뺀 수를 나타냅니다.
앞에서 설명한 풍선 추 모델과 알약 모델을 이용하여 쉽게 이해할 수도 있지만,

여기서는 주머니 모델을 이용해 볼게요.

 주머니 모델! 재등장!!!

 주머니 안에는 필요한 만큼의 수가 쌍으로 존재하기 때문에 초기 상태는 항상 0입니다.

 아! 알겠습니다.

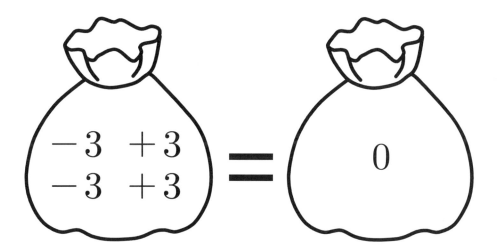

 왼쪽 주머니와 오른쪽 주머니를 식으로 나타내어 볼게요.
$(-3)+(-3)+(+3)+(+3)=0$
여기에 +3을 양쪽 주머니에 2번 더하면 어떻게 될까요?

 $(-3)+(-3)+(+3)+(+3)+(+3)+(+3)=+6$인가요?

 네, 맞아요.

이번엔 두 번째 식, $(+3) \times (-2)$을 적용시켜 볼까요?
왼쪽 주머니에서 +3을 2번 빼는 겁니다.
자, 결과는?

 $-3$이 2개 남아요.

 그래서 $-6$이 된답니다.

 오! 이해가 돼요.

그러면 마지막으로 문제를 내보도록 하겠습니다.

$(-3) \times (-2)$의 결과는 무엇일까요?

-3을 2번 뺀다는 거죠?

그러면 무엇이 남게 될까요?

 +3이 2개 남아요.

어? +6이 되네요.

 네~! 정답입니다.

훌륭합니다.


이제 곱셈 연산자를 정의하도록 합시다.

누가 정의해 볼래요?

 제가 해보겠습니다.

곱셈 연산자는 앞에 나온 정수를 뒤에 나온 수만큼 '0'에 더하거나 '0'에서 빼주면 됩니다.

뒤에 오는 정수가 '+'이면 더해주고, '-'이면 빼는 거죠.

선생님 그러면 혹시

$3 \times 2$는 '3의 2배', '3이 2개 있다'라고 말할 수 있나요?

 예! 그렇게 말해도 됩니다.

여기서 기억해야할 점은 두 수의 자리를 바꿔서 계산해도 같은 결과가 나온다는 겁니다.

다시 말해서

$(+3) \times (-2) = -6$은 두 가지 방법으로 구할 수 있어요.

첫 번째는 '0'에서 +3을 2번 뺀 수입니다.

두 번째는 '0'에서 −2를 3번 더한 수입니다.

이것을 **곱셈에서의 교환법칙**이라고 부른답니다.


마찬가지로 덧셈에서도 두 수 또는 두 식의 자리를 바꿀 수가 있는데 그것을 **덧셈에서의 교환법칙**이라고 불러요.

자, 여기서 반드시 기억해야 할 것이 있군요.

'0'에서 양(+)의정수를 뺀 경우는 음(−)의정수가 생겨서 '0'에 음(−)의정수를 더한 것과 같아요.

마찬가지로 음(−)의정수를 뺀 경우는 양(+)의정수가 생겨서 양(+)의정수를 더한 것과 같게 됩니다.

네!

그러면 주머니 모델에서

$(-1) \times (-1)$은 $(-1)$을 한 번 빼면 $(+1)$이 남으니까...

오! 이제 이해가 돼요.

쌤!!! 멋져요.

앞장에서는 정수 나눗셈에 대한 언급을 하지 않았어요.
왜냐하면 분수를 먼저 알아야 이해하기 쉽거든요.

분수는 잘 모르겠어요.
정말 이해가 안돼요.

$\frac{1}{3}$은 세 개중에 하나인데 $\frac{4}{3}$는 뭐죠?

사실 분수를 이해하면 유리수도 바로 알 수 있어요.
이제부터 분수와 유리수에 대하여 이야기해봅시다.

**분수**는 전체에서 일부가 차지하는 비를 나타냅니다.

$\frac{3}{2} - \frac{1}{2}$에서 $\frac{3}{2}$, $\frac{1}{2}$은 분수입니다.

분수 형태이면서 분자분모가 정수이면 **유리수**가 됩니다.

분수는 유리수의 부분이 되겠네요.

하지만 우리는 분수와 유리수를 혼용해서 쓰겠습니다.

큰 의미를 두지 않고 편하게 받아들였으면 좋겠습니다.

일단 분수(分數)라는 한자 의미에 따라 분수도 수로 분류하
겠습니다.

참고로 다음과 같은 표현으로 분수를 대신할 수 있습니다.

$$\frac{2}{3} = 2/3, \quad \frac{1}{100} = 1/100, \ 등$$

## 분수 연산자 정의

분수 연산자(분자와 분모 사이에 있는 '－' 기호)의 정의는
분수 연산자 아래의 수(=분모)만큼 더했을 때
위의 수(=분자)가 되는 수를 나타냅니다.

무슨 말이죠?

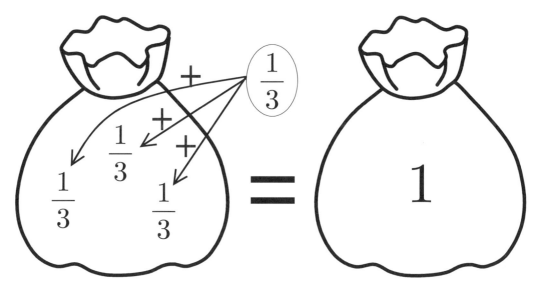

$\frac{1}{3}$ 을 예로 들어 보겠습니다.

$\frac{1}{3}$ 의 분모가 3이니까, 3번 더하면 분자인 1이 되는 수를
말한답니다.

더 간단히 말하면 3번 더하면 1이 되는 수가 $\frac{1}{3}$ 인거죠!

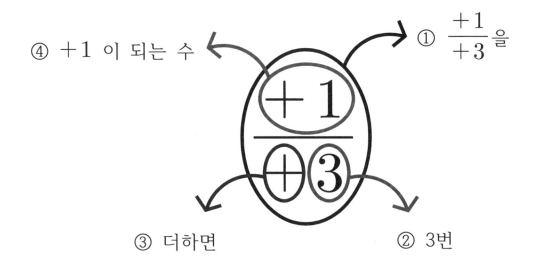

④ +1 이 되는 수

① $\dfrac{+1}{+3}$ 을

③ 더하면

② 3번

 그럼, $\dfrac{2}{3}$ 는 3번 더하면 2가 되는 수를 나타내나요?

 그렇죠. 그래서 $\dfrac{2}{3}+\dfrac{2}{3}+\dfrac{2}{3}=2$ 가 되는 거죠.

 아직도 알쏭달쏭 이해가 안가요.

 다른 분수로 연습해 봅시다.

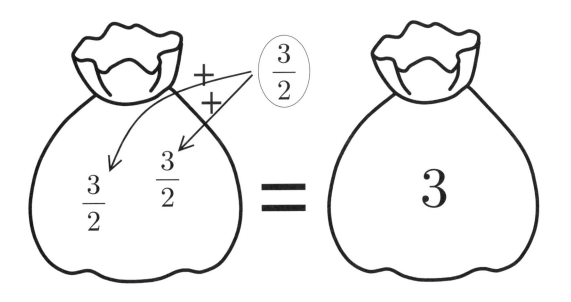

 $\dfrac{3}{2}$ 은 정의에 의한다면 어떤 수를 말하는 거죠?

2번 더하면 3이 되는 수죠?

 아~! 한 번 더 연습하니까 이해가 되네요.

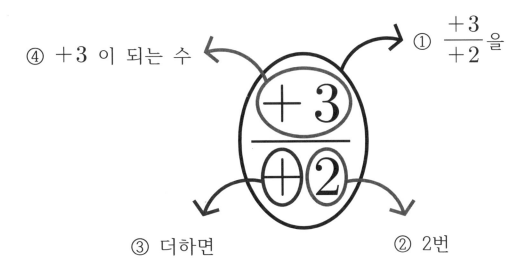

④ +3 이 되는 수

① $\dfrac{+3}{+2}$ 을

③ 더하면

② 2번

그럼 4번 더했을 때 5가 되는 수는 $\dfrac{5}{4}$인거죠?

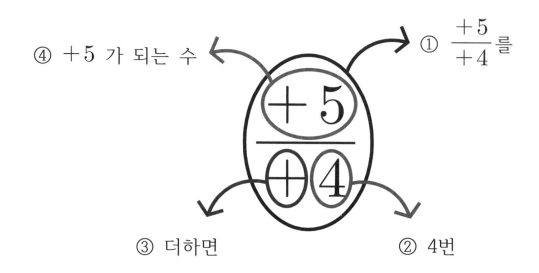

④ +5 가 되는 수

① $\dfrac{+5}{+4}$ 를

③ 더하면

② 4번

 맞아요. 이제 분수에 대해서 알겠죠?

 사실 저는 잠시 혼란스러워서 이해가 안 가요.
하지만 다시 한번 생각해 보면 알 수 있을 거 같아요.

 저는 완전히 이해했어요.

 우성이는 시간이 있을 때 다시 해보세요.
대개는 **유리수**라는 말보다는 **분수**라는 용어가 더 친숙해서, 수를 이해하는데 도움이 되는 상황도 많기 때문에 그때그때 구분하지 않고 유리수와 분수라는 용어를 혼용해서 사용한다는 점을 필요할 때마다 언급하겠습니다.

$\dfrac{+4}{+3}$ 를 예로 들어볼게요.

3번 더하면 +4가 되는 수를 나타냅니다.

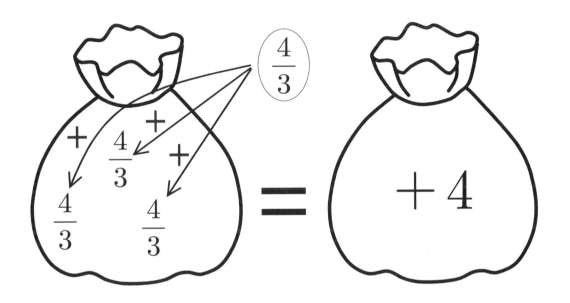

 어? 그러면 그냥 $\dfrac{4}{3}$ 랑 똑같네요?

 그렇죠, 그럼 $\dfrac{+2}{-3}$ 는 어떤 수를 말하는 걸까요?

 뭐지? 모르겠어요.

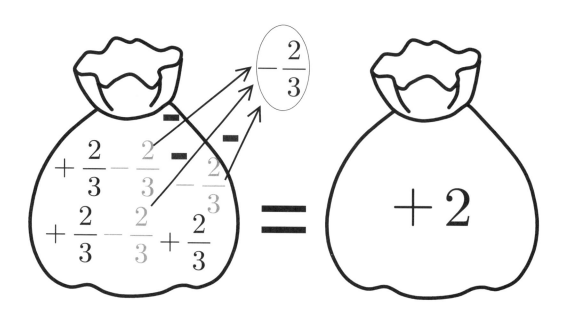

혹시 0에서 3번 빼면 +2가 되는 수인가요?

그러니까 $-\dfrac{2}{3}$인 거죠.

그림에서 보면 $-\dfrac{2}{3}$를 3번 빼면 +2가 되니까요.

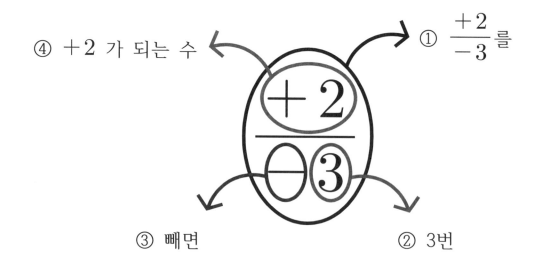

④ +2 가 되는 수

① $\dfrac{+2}{-3}$ 를

③ 빼면

② 3번

오! 맞았어요. 어떻게 아신 거죠?

모르면 바보죠. 그림에 답이 바로 보이는데.

아! 그림을 보고 말씀하셨군요.

잠깐 정수와 분수의 관계를 정리해 보겠습니다.

3의 $\frac{1}{3}$ 은 1입니다.

6의 $\frac{1}{3}$ 은 2입니다.

9의 $\frac{1}{3}$ 은 3입니다.

12의 $\frac{1}{3}$ 은 4입니다.

· · ·

여기서 어떤 규칙이 보이죠?

정수부분의 수가 두 배, 세 배 증가할 때마다
결과도 두 배, 세 배 증가하니까...
'의'가 들어간 말은 곱하기로 바꿔도 될 것 같아요.

맞습니다.
위와 같은 표현에서 '의'는 '×'(곱하기)를 나타냅니다.

그럼, 이번에는 $\dfrac{-4}{+3}$ 는 어떤 수일까요.

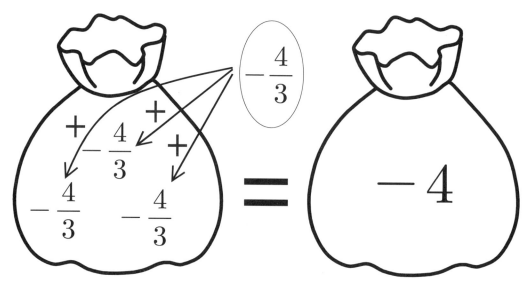

 훗!!! 제가 말해볼게요.

'0'에 3번 더하면 -4가 되는 수, 즉 $-\dfrac{4}{3}$ 입니다.

 이번에는 나눗셈에 대해서 이야기해 보기로 해요.

6÷2라는 식이 의미하는 것은 6에 2가 몇 개 있는가?
다시 말하면 2가 몇 개 있으면 6이 되는지 묻는 식이예요.
얼마죠?

 2가 3개 있으면 6이니까 정답은 3이죠?

 맞아요.

같은 방법으로
어떤 수가 2개 있어야 6이 되는지를 묻는 식이기도 해요.
다시 말해서, 나눗셈 연산자는 분수 연산자와 같은 기능을
하는 연산자입니다.

그래서
÷(나눗셈)연산자가 나타내는 수는 분수를 이용해서 나타낼
수 있답니다.

예를 들면

$1 \div 3$의 의미는 3개 있으면 1이 되는 수 결국 $\frac{1}{3}$과 같게

되는 거죠.

나눗셈 또는 분수 연산자는 꽤 중요하니까 사용 원리를 반
드시 알아두도록 합시다.

 아... 분수와 나눗셈이 들어간 식은 같은 거였구나.
조금 헷갈렸는데 이제 알겠어요.

이번엔 유리수와 정수 사이의 관계와 유리수의 부호에 대해서 이야기해볼게요.

$\dfrac{9}{-3}$는 3번 빼서 9가 되는 수인데 어떤 수가 생각나세요?

 +3을 빼는 건가??? 그래야 -3이 남으니까?

 아니지. -3을 빼면 +3이 생기니까 -3을 3번 빼면 9가 되잖아! 그래서 -3이 구하고자 하는 수가 되는 거야.

 그러네.

 맞아요. 유미가 정확하게 파악을 하고 있었네요.

 그럼요. 제가 누군데요.

 음. 그러면 $\dfrac{-9}{+3}$는 3번 더해서 -9가 되는 수죠?

그럼 정수에도 3번 더해서 -9가 되는 수가 있을까요?

 -3인가요?

 맞아요. 3번 더해서 -9가 되는 수니까 -3이죠

여기서 '一'부호가 분자에 있든지, 분모에 있든지 같은 수를 의미합니다.

어? 정말 그러네요.

 결과적으로
분자분모에 (-1)을 곱해준 결과랑 같아요.
그래서 분자분모의 부호를 바꾸고 싶다면,
(-1)을 분자분모에 동시에 곱해주면 된답니다.
단, (-1)을 분자분모에 곱해줘도 그 수는 같다는 거
기억해 두세요.

 네~! 선생님!!!

 우성이는 복습을 꼭 하세요!

 우성아! 수업 끝나고 도서관에 가서 같이 공부할래?

 아니.

 그래.

$\dfrac{1}{-1}$ 과 $\dfrac{-1}{1}$ 은 왜 같은가요?

앞에서 배운 것처럼 분수의 정의를 이용해서, 한 번 빼면 1이 되는 수(= −1)와 한 번 더하면 −1이 되는 수(= −1) 니까 두 수는 같은 거죠.

$\dfrac{4}{2}$ 는 2번 더하면(또는 2개 있으면) 4가 되는 수죠?

2번 더했을 때 4가 되는 정수는 어떤 수에요?

2 아닌가요?

맞아요. 따라서 저렇게 정수가 되는 수가 있다면 정수의 형태로 쓰는 것이 알아보기 쉽겠죠?

**분수(또는 유리수) 형태의 수를 정수 형태로 나타낼 수 있는 경우는 정수로 쓴다.** 별 3개 표시해 두세요!

그럼 $\dfrac{3}{0}$ 은 무엇을 말하는 걸까요?

0개 있으면 3이 되는 수죠?
어? 더하거나 **뺀** 것이 아무것도 없는데 어떻게 3이 되죠?

맞아요. 저런 형태의 수는 존재할 수 없어요.
그래서 우리는 저런 형태를 유식한 말로 '**불능**'이라고 해요. 우리가 흔히 말하는 '구제불능'의 '**불능**'이라는 의미랑 같아요.

 불능이라는 것은 불가능과 어떤 차이가 있죠?

 '불가능'이란 조건이 성립하면 가능해질 수 있지만,
'불능'이란 어떤 조건에서도 '할 수 없다'는 의미예요.

 아! 그렇군요.

 그럼 마지막으로 $\dfrac{0}{0}$ 은 무슨 의미일까요?

 0개 있으면 0이 되는 수? 1이 0개 있어도 0이고, 2도 0개 있어도 0인데... 뭐지? 어떤 숫자라도 0개 있으면 0이 되잖아요? 이건 모든 수가 정답 아닌가요?

 그렇죠! 그래서 저런 형태의 수는 모든 수가 해(정답)가 되기 때문에 '결정하지 아니하다'란 뜻을 가진 **부정**(不定)이라는 용어를 사용합니다.
이처럼 해가 무수히 많은 경우는 **부정**이라고 하죠.

분수에 대해서 좀 더 이야기해볼게요.
분수 중에서 분자가 1인 분수를 '**단위분수**'라고 합니다.

예를 들면, $\dfrac{1}{2}$, $\dfrac{1}{3}$, $\dfrac{1}{4}$, … 은 모두 단위분수입니다.

분모가 같은 분수들은 같은 단위분수를 가집니다.
$\dfrac{1}{2}$, $\dfrac{3}{2}$ 은 같은 단위분수를 가진 수입니다.
$\dfrac{3}{2}$ 은 단위분수인 $\dfrac{1}{2}$ 이 3개인 것을 나타냅니다.
간단하게 쓸 수 있다면 간단하게 쓰는 것이 좋습니다.

여기서 다른 단위분수를 가진 수를 동일한 단위분수를 가지도록 만들어 줄 수 있어요.
그리고 이것을 '**통분한다**'고 해요.

 쌤, 그거 학교에서 배웠어요.
같은 분모로 만들어 주는 수를 분자분모에 곱하면 돼요.

 맞아요.
혹시 분자분모에 같은 수를 곱해도 되는 이유를 아세요?

 아니요, 학교에서 그렇게 하라고 했어요.
그냥 분자분모에 같은 수를 곱해도 된대요.

아이고... 그래요.
이제 그 이유를 한번 알아보도록 합시다.

좋아요. 쌤 설명 들으면 희한하게 이해가 돼요.

음... 당연한 것을 있는 그대로 설명하고 있을 뿐
대단히 놀라운 사실은 없어요.

뭐랄까? 쌤 설명 듣기 전에는 막연했었거든요!
그저 그러면 된다고 해서 그렇게 했는데...
쌤 설명은 반박을 할 수가 없어요.

그거 칭찬인거죠?

당연하죠!

자 $\frac{1}{3}$과 $\frac{2}{6}$를 분수의 정의를 통해 살펴봅시다.

먼저 $\frac{2}{6}$는 어떤 수인가요?

6번 더하면 2가 되는 수죠.

$\frac{1}{3}$은 3번 더하면 1이 되니까, 6번 더하면 2가 되네요.

어? 결국은 같은 수네요.

이제는 말을 안 해도 척척 아는 걸 보니 분수가 많이 익숙해진 모양입니다.

그래서 같은 수가 되는 겁니다.

 $\frac{2}{6}$도 6개 있으면 2가 되고, $\frac{1}{3}$도 6개 있으면 2가 되니까 같은 수 맞네요.

 그렇죠!

어떤 분수든 유리수든 상관없이 분자분모에 같은 수를 곱해주면 원래의 수와 같은 양을 갖는 수로 여깁니다.

바로 다음의 표현처럼요.

$\frac{2}{3} = \frac{4}{6} = \frac{6}{9} = \cdots = \frac{2 \times n}{3 \times n} = \cdots$ ($n$은 정수)에서

$\frac{2 \times n}{3 \times n} = \frac{2}{3} \times \frac{n}{n} = \frac{2}{3} \times 1$ 처럼 바꿀 수 있는데

결국 분수에 1을 곱해준(분자분모에 같은 수를 곱해준) 것과 같습니다.

1은 어떤 수에 곱해도 그 수의 크기를 변화시키지 않아요.

이제 분수에서 통분하는 것은 어렵지 않겠죠?

 네! 이해가 돼요.

분수의 분자분모에 1을 제외한 공통인수가 없을 때
그런 분수를 **기약분수**라고 해요.

인수란 곱셈관계에 있는 수나 식을 말해요.

$\dfrac{20}{50}$은 분자분모에 공통 인수 10을 가지고 있어서

다음과 같은 과정을 거치게 됩니다.

$$\dfrac{20}{50} = \dfrac{10 \times 2}{10 \times 5} = \dfrac{10}{10} \times \dfrac{2}{5} = \dfrac{2}{5}$$

이러한 과정을 통해서 만들어진 수는 우리가 쉽게 그 수의
크기를 파악할 수 있습니다.
만약 공통인 인수가 있다면, 기약분수로 만들어 주는 것이
좋습니다.

 그리고 그 과정을 '**약분한다**'라고 하죠!

 오호, 그렇죠!
잘하셨습니다.

이번에는 정수와 유리수의 곱셈을 보도록 하죠.

$3 \times \dfrac{1}{4}$은 '3 곱하기 $\dfrac{1}{4}$'라고 읽기도 하지만,

'3의 $\dfrac{1}{4}$'이라고도 합니다.

'3의 $\dfrac{1}{4}$'이란 말은, '3의 $\dfrac{1}{4}$'이 4개 있으면 3이 된다는 이야기 아니었나요?

맞습니다. 잘 기억하시고 있군요.

'3의 $\dfrac{1}{4}$'은 $3 \times \dfrac{1}{4}$이고 $\dfrac{3}{4}$과도 같습니다.

음... 예전에는 수식을 보면 일반적인 언어와는 많이 다르다고 생각했어요.

그런데 수업을 듣다보니 그냥 우리가 평소에 사용하는 일반 대화랑 비슷한 거 같아요.

맞아요. 저도 그런 생각이 들어요.

다행입니다.

# 분수의 곱셈 이해하기

 이제 분수의 곱셈을 이야기해볼까요?

순천에서 $300\,\ell$ 물을 전주를 거쳐서 서울로 운반한다고 합시다.

한 사람이 순천에서 전주로 물을 운반할 때는 $100\,\ell$ ($300\,\ell$ 의 1/3)씩 가져갈 수 있답니다.
그리고 전주에서 서울까지는 $20\,\ell$ ($100\,\ell$ 의 1/5)씩 운반할 수 있대요.

순천에서 전주까지 **2번**을 운반하고, 전주에서 서울까지는 **4번** 운반한다고 합시다.

여기서 최종적으로 서울에 1회 옮겨진 물의 양은 처음의 $\dfrac{1}{3\times5}$인 것을 알 수 있겠죠?

서울에는 $300\times\dfrac{1}{3\times5}\,\ell$ 에 해당하는 물의 양이 몇 회 도착하고 전달된 전체 물의 양은 얼마일까요?

 물이 운반되는 사건은 순천과 전주 사이에서 2번, 그리고 전주에서 서울까지 4번이니까 총 $2\times4$회 발생하네요.
아, 그럼 서울에 전달된 전체 물의 양은

$300\times\dfrac{1}{3\times5}\times2\times4\,\ell$ 가 되네요.

다시 정리하면, $300\times\dfrac{2\times4}{3\times5}\,\ell$ 가 되겠네요.

잘했어요.
그럼 이번에는 전주와 순천 사이에서는 2사람이 동시에 운반하고, 전주와 서울 사이에서는 4사람이 동시에 운반한다면 어떻게 될까요?

순천에서 전주까지 옮겨진 물의 양은 $300 \times \dfrac{2}{3} \ell$가 되고 다시 그 물의 $\dfrac{4}{5}$가 전달되는 거니까, $300 \times \dfrac{2}{3} \times \dfrac{4}{5} \ell$가 되겠네요.

맞아요. 서울에 전달되는 물의 양은 두 경우 모두 같으니까, 분수의 곱셈 부분만 보면 $\dfrac{2}{3} \times \dfrac{4}{5} = \dfrac{2 \times 4}{3 \times 5}$가 되는 것을 알 수 있어요.

여기서 분수끼리의 곱셈에서 분자는 분자끼리 분모는 분모끼리 곱하는 이유를 알 수 있어요.
이유를 알고서 사용한다면 모르고 사용하는 것보다 응용능력이 강해집니다.

분수의 곱셈을 도형을 넓이를 통해서 이해해 봅시다.
아래 그림을 한번 봐볼까요?

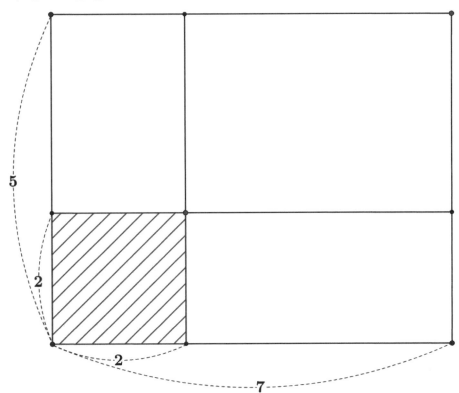

전체 넓이는 35이고 빗금 친 부분의 넓이는 4,

전체 넓이의 $\frac{4}{35}$ 를 차지하고 있죠.

빗금 친 부분의 넓이는 35의 $\frac{2 \times 2}{7 \times 5}$ 라고 쓸 수 있어요.

또 다른 방법으로 가로의 길이는 7의 $\frac{2}{7}$, 세로의 길이는 5

의 $\frac{2}{5}$ 를 곱하여 수식으로 나타내면,

$7 \times \frac{2}{7} \times 5 \times \frac{2}{5} = 35 \times \frac{2}{7} \times \frac{2}{5}$ 가 됩니다.

그러므로 $\frac{2 \times 2}{7 \times 5} = \frac{2}{7} \times \frac{2}{5}$ 가 됩니다.

이번에는 괄호 연산자 '(', ')'를 이용해 봅시다.

먼저 괄호 연산자에 대해서 설명을 하겠습니다.
괄호 연산자를 사용하는 방법은 다음과 같습니다.

$$2 \times 6 = (1+1)(2+2+2)$$

한 괄호 안의 모든 항들을 다른 괄호의 모든 항들과
곱해서 더하면 됩니다.

 음, 그럼 저기에선 $1 \times 2$가 $2 \times 3$개 나오겠네요.

 맞아요.
그럼, 저 식을 다시 바꿔 보겠습니다.

$$\left(\frac{2}{3} + \frac{2}{3} + \frac{2}{3}\right)\left(\frac{6}{7} + \frac{6}{7} + \frac{6}{7} + \frac{6}{7} + \frac{6}{7} + \frac{6}{7} + \frac{6}{7}\right)$$

$$= 2\left(\frac{1}{3} + \frac{1}{3} + \frac{1}{3}\right) \times 6\left(\frac{1}{7} + \frac{1}{7} + \frac{1}{7} + \frac{1}{7} + \frac{1}{7} + \frac{1}{7} + \frac{1}{7}\right)$$

 음! $\frac{2}{3} \times \frac{6}{7}$이 $3 \times 7$개 있다고 할 수 있고 또한 유리수와

정수의 곱셈을 이용해서 $\frac{3 \times 7}{3 \times 7} \times 2 \times 6$을 $\frac{2 \times 6}{3 \times 7} \times 3 \times 7$로

바꾼 것과 같다고 할 수 있는 거죠?

 네, 그래서 $\frac{2}{3} \times \frac{6}{7} = \frac{2 \times 6}{3 \times 7}$이 되는 거죠.

이해가 안 가는 경우에는 거듭 생각을 해보세요.

이번에는 거듭제곱을 공부해 봅시다.

$3 \times 3 \times 3 \times 3$ 처럼 같은 수가 여러 번 곱해질 때 사용하는 연산자가 거듭제곱입니다.

이것은 위치가 연산자의 역할을 하고 있어요.

$3^4$ 처럼 말이죠.

이때 아래의 수를 **밑**이라 하고, 위의 작은 수를 **지수**라고 부른답니다.

 음, 저렇게 쓰면 사용할 수 있는 공간이 더 생기겠네요?

 그렇기도 하지만, 저렇게 표현하면 해당하는 항에 3이 몇 번 곱해져 있는지를 바로 알 수 있어요.

여기서 거듭제곱을 사용할 때 주의할 점을 한 가지 말씀 드릴게요.

$3^2$ 은 3을 2번 곱해서 만들어지는 수입니다.
그러면 어떤 수에 3을 2번 곱하는 걸까요?

에? 3에 곱하는 거 아니에요?

 그럼 그 말대로 3에 3을 2번 곱해 봅시다.

 어? 27이네요.

 네, 그래서 거듭제곱의 의미를 명확히 짚고 넘어가기로 해요. 만약에 거듭제곱 수 앞에 다른 수가 곱해져 있다면 거듭 제곱식은 그 수에 곱하는 것이 되지만, 앞에 곱해져 있는 수가 없는 경우는 **1에 지수의 수만큼 곱한다**고 생각하시면 돼요. 아래 그림처럼요.

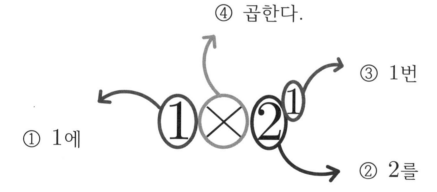

자 이번엔 $3^1$ 에서
지수부분을 다르게 표현할 수 있을까요?

 1을 다르게요?

혹시, $1 = \dfrac{1}{2} + \dfrac{1}{2}$ 을 말씀하시려는 건 아니죠?

헉! 왜 아니겠어요!
맞았어요.

 어! 그러면 $3^{\frac{1}{2}+\frac{1}{2}}$ 이라고 쓸 수 있으니까?

혹시 $3^{\frac{1}{2}} \times 3^{\frac{1}{2}}$ 이라고 쓸 수도 있나요?

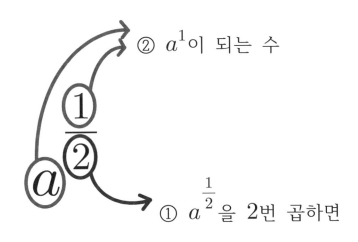

② $a^1$이 되는 수

① $a^{\frac{1}{2}}$을 2번 곱하면

 당연하죠! 가능합니다.
나중에 제곱근에서 본격적으로 배우게 되기 때문에, 여기선 '아! 저렇게도 쓸 수 있겠구나!' 정도 아시면 됩니다.

 혹시 0의 0제곱은 0인가요?

 음! $2^0$은 얼마죠?

 1 아닌가요?

왜 그렇죠?

 $1 \times 2^1$은 2를 한 번 곱하라는 의미니까, 2가 되고요.
$1 \times 2^0$은 2를 0번 곱하라는 거라고 하면, 2를 곱하지 않는다는 의미 아닐까요? 그래서 1이 되는 거죠.

 어라! 진짜 1이 되네요?

 하하... 이제 굳이 설명을 안 해도 정확히 식을 파악하고 있군요. 맞습니다.

따라서 $1 \times 0^0$도 마찬가지로 0을 곱하지 않으니까
1이 그대로 남는 거죠.

 아하! 그렇군요. 이해가 돼요.

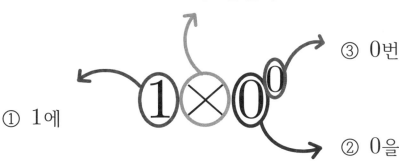

④ 곱한다.

③ 0번

① 1에

② 0을

 그리고 항상 이야기하겠지만, 무엇이든 존재만 한다면 그것은 기본적으로 한 개라는 개수를 가지고 있는 거예요.

$1 \times 0^0$에서도 $0^0$만 쓰더라도 $0^0$에는 항상 1이 곱해져 있기 때문에 0의 0제곱은 1이 됩니다.

나중에 배우겠지만 $y = 5 \times x^0$은 상수함수입니다.

만약 $x = 0$일 때, $0^0$이 정의되지 않으면 그래프는 0에서 불연속점을 가지게 됩니다.

 오! 0의 0제곱은 1이 되는 이유를 알겠어요.

 그래요.

1을 잘 활용하면 곱셈에서 조금 어려운 부분들을 쉽게 이해할 수 있는 경우도 많아요.

또한 1은 log의 성질을 파악하는데도 유용하게 쓰이고, 일반각에서 라디안 각으로 변환할 때도 유용하죠.

 에? 로그요? 라디안 각?

저것들도 머지않아 배우게 돼요.

1의 쓰임을 살짝 들여다볼까요?
1은 곱셈에서 크기를 변화시키지 않기 때문에 잘 사용하면
꽤 쓸모가 많아요.

예를 들면
1에는 2가 몇 개 있을까요?

 1에 2가 있을 수 있어요?

 그럼요! $1 = 2 \times \dfrac{1}{2}$로 나타낼 수도 있답니다.

위의 질문처럼 1에 2가 몇 개 있는지에 대답해야 할 경우

는 1을 2와 $\dfrac{1}{2}$의 곱셈으로 나타내고 대답하시면 됩니다.

 이제는 알 것 같아요.

1에는 2가 $\dfrac{1}{2}$개 있다고 할 수 있어요.

 맞아요.
1을 잘 활용하면 어렵던 문제들도 쉬워지는 경우가 많으니
곱셈에서는 1을 활용할 수 있는지를
꼼꼼히 따져보시면 좋아요.

분수끼리의 곱셈을 잘 이해했다면 역으로도 가능하겠죠?
아래를 보시죠.

$$\frac{3 \times 3 \times 3}{3 \times 3} = \frac{3 \times 3 \times 3}{3 \times 3 \times 1} = \frac{3}{3} \times \frac{3}{3} \times \frac{3}{1} = 1 \times 1 \times 3$$

맨 처음 식을 거듭제곱을 사용하면 어떻게 될까요?

 음, $\frac{3^3}{3^2}$이 되는데 결과는 $3^1$이 되네요.

분자분모의 밑이 같은 경우는 지수끼리 **뺄셈**을 한 거랑 같네요.

 그렇죠. 저렇게 분해해서 1로 만들어서 곱해져 있는 1을 생략할 수 있습니다.
위와 같은 과정을 거치지 않고 분자분모에서 **같은 인수**를 바로 **약분**해 줄 수도 있습니다.

그럼, $\frac{3 \times 5 \times 7}{3 \times 3 \times 3 \times 5 \times 7}$에서 $\frac{\cancel{3} \times \cancel{5} \times \cancel{7}}{3 \times 3 \times \cancel{3} \times \cancel{5} \times \cancel{7}}$처럼

해주면 $\frac{1}{3 \times 3}$이 되겠군요.

분모에 같은 수의 곱이기 때문에

간단하게 쓰면 $\frac{1}{3^2}$이 되는 거죠?

맞아요! 그렇게 쓸 수도 있는데, 분자의 1을 $3^0$으로 바꾼 후에 지수끼리 뺄셈을 수행하면 어떻게 될까요?

 $\dfrac{3^0}{3^2}=3^{0-2}$처럼 나올 텐데...

아하! 지수의 식에서 0은 생략할 수 있으니까 $3^{-2}$인가요?

 맞습니다.

지수가 음수인 경우는 밑에 해당하는 3이 분자에는 0번 곱해져 있다는 것을 의미하고, 분모에는 2번 곱해져 있다는 것과 같은 의미입니다.

 지수에 음수가 올 수 있다는 사실이 재미있네요.

 그러면 다음 내용은 더욱 재미있을 거 같군요.

---

**\* 용어 정리 \***

**단항식**은 대상이 되는 식에 보이는 항이 1개인 식을 말한다.
**다항식**은 대상의 식에 보이는 항이 2개 이상인 식을 말한다.

$(3^2)^3$과 같은 형태는 어떤 의미를 가지고 있을까요?

 $3^2$이 3번 곱해져 있는 경우니까,
결국 3이 $2 \times 3$만큼 곱해져 있다는...
어! 곱셈이 되네요?

 네. 거듭제곱 형태는 괄호 안의 지수와 괄호 밖의 지수를 곱해주면 된답니다. 당연한 이야기지만 괄호 안이 **단항식**일 경우에 해당 된답니다.

다음의 형태를 보도록 하죠!
$(2^3 \times 3^2)^2$의 식을 괄호를 풀어주면 어떻게 될까요?

 $2^3$도 2번 곱해지고, $3^2$도 2번 곱해지니까...
결과적으로 $2^{3 \times 2} \times 3^{2 \times 2} = 2^6 \times 3^4$이고
괄호 안의 각 인수의 지수에 괄호 밖의 지수를 곱해준 것이 되는군요.

 잘하시네요.

 선생님께서 잘 가르쳐 주시니까요.

자!
이제 숫자 대신에 문자를 다루어 보도록 합시다.

 네? 문자는 왠지 어려운데...

 어차피 문자도 하나의 숫자라고 생각하면 돼요.

 그래도 숫자를 사용할 때는 바로바로 계산하니까 좋은데
문자가 나오면 어떻게 해야 할지 막막해요.

 자꾸 사용하면 점차 익숙해지는 것이 문자입니다.
다루는 방법이 숫자와 크게 다르지 않으니까
그렇게 큰 부담은 갖지 않으셔도 됩니다.

 알겠습니다. 선생님께서 잘 설명해 주실 테니...
한번 부딪쳐 보죠.

 맞아요. **두렵다고 시도조차 하지 않는다면 혼자만 바보 되
는 겁니다**. 어차피 배워야 할 거 최대한 많이 사용해서 익
숙해지는 것이 정답입니다.

자! 그럼 숫자 대신 문자의 연산을 시작합니다.

이번 장에서부터는 문자를 수식에 사용해 보기로 해요.
$a \times b$ 라는 식에는 $a$가 몇 개 있을까요?

 1개 있어요!!!

 그럼 다시, $2 \times 3$은 6이죠? 6에는 3이 몇 개 있죠?

 2개 있습니다.

 다시 묻습니다.
$2 \times 3$이라는 식에는 3이 몇 개 있을까요?

 어? 2개인가?

 그래요. 2개 있어요.
이런 종류의 질문에는 곱하기까지 포함해서 생각하시고 대답을 하셔야 합니다.

처음 질문으로 다시 돌아가 볼게요.

$a \times b$ 라는 식에는 $a$가 몇 개 있을까요?

 그럼 $b$개 있다고 말해야겠네요.

그래요.

이제부터는 문자를 통해서 곱셈 연산자를 더 자세히 이해해 보도록 합시다.

문자를 사용할 때는 보통 곱셈 연산자를 생략합니다.
$a \times b$는 $ab$로 쓰는 것처럼요.

자! 다음 식에 주목합니다.
$ab + ac$ 라는 식에는 $a$가 몇 개 있을까요?

 글쎄요? 처음 항에서는 $b$개이고 두 번째 항에서는 $c$개인데, 어떻게 말해야 할지 모르겠어요.

 그럼 이렇게 한번 생각해 볼까요?
$3 \times 4 + 2 \times 3$의 식에는 3이 몇 개 있나요?

 6개요.

 6이란 숫자는 어떻게 나온 거죠?

 4와 2를 더했어요.

 그걸 수식으로 말해볼래요?

 4+2요.

 그러면 4+2개라고 이야기해도 될까요?

 4+2는 6이니까 별 문제가....
아 그러면 문자로 이루어진 식에서 $a$의 개수는 $b+c$개라고 하면 되겠네요?

 맞아요.

그리고 그 전체를 식으로 나타내면,
$a(b+c)$가 되고
유미 말처럼 $a$는 $b+c$개 있다고 말할 수 있어요.

이때 이렇게 여러 개의 공통으로 곱해져 있는 같은 수나 같은 식을 한 번만 사용해서 식을 재구성 하는 것을 **인수분해** 한다고 한답니다.
식을 재구성할 때는 '(' 와 ')' 연산자를 사용합니다.

 자, 그럼 인수분해를 설명하기 전에...
동류항이라는 의미를 먼저 알아봅시다.
사과 1개랑 배 1개, 사과 2개가 있을 때,
우리는 이 말을 어떻게 더 간단하게 말할 수 있을까요?

 사과 3개랑 배 1개...???

맞아요. 여기서 사과 3개라고 말할 수 있는 것은 사과 1개와 사과 2개는 같은 종류이기 때문입니다.

이처럼 수식에서 같은 차수의 문자 또는 같은 수식을 가지고 있는 항을 **동류항**이라고 합니다.

예를 들어 $3x+5x$에서 두 항은 $x$라는 공통인수를 가진 동류항입니다.

이때 $3x$의 3과 $5x$의 5는 $x$의 계수라고 부릅니다.

그럼 다음 식을 간단히 해봅시다.

$$2a+3b-5a+b+4a-7b$$

 $2a$는 $a$가 2개인데, $a$는 $a$가 몇 개인 거죠?

 유미야, 한 개 아니야?

 그렇게 생각하면 $b$의 개수도 셀 수 있을 거 같은데....

음... $a$는 $(2-5+4)$이고 계산하면 $1$이 남으니까 $a$라고 쓰고, $b$는 $(3+1-7)$이니까 계산하면 $-3$이 남으니까 $-3b$로 쓴다면, $a-3b$가 되겠죠?

 정확해요.

수식에 동류항들이 많을 때 동류항끼리 미리 계산을 해 놓으면 식의 형태를 훨씬 빨리 알아볼 수 있어요.

보이는 동류항들이 있다면 즉시 계산해서 하나의 항으로 만들어 두는 것이 좋겠죠?

이번에는 분수형태의 문자를 공부해봅시다.

다시 한번 강조하겠습니다.

**문자와 문자 사이 또는 숫자와 문자 사이에는 곱셈 기호를 생략**할 수 있습니다.

그리고 나눗셈은 분수와 같다는 거 알고 있죠?
빠른 진행을 위해 설명은 생략하겠습니다.
혹시 궁금하시다면 이전에 배웠던 내용들을 다시 살펴보시길 바랍니다.

다음의 내용은 여러 번 반복해서 유리수 개념을 충분히 익숙해지셔야 합니다. 꼭이요!

$a$번 더하면 $b$가 되는 수를 분수형태로 말해볼래요?

 $\dfrac{b}{a}$ 이고, $b \div a$와 같습니다.

 좋아요. 그럼 $a$번 빼면 $b$가 되는 수는요?

 $-\dfrac{b}{a}$ 이고, $b \div (-a)$와 같습니다.

$a$번 더하면 $-b$가 되는 수를 분수형태로 말해볼래요?

 $-\dfrac{b}{a}$ 이고, $(-b) \div (+a)$와 같습니다.

 오오! 그럼 마지막으로 $a$번 빼면 $-b$가 되는 수는요?
이 예는 그림에서 보여주지는 않았지만, 여러분들께서 아실 거라 생각해요.

 $\dfrac{b}{a}$ 이고, $(-b) \div (-a)$와 같습니다.

 잘했어요!
곱셈과 마찬가지로 더할 때는 0에 더하고, 뺄 때는 0에서 빼서 수식을 만든다는 것을 꼭 기억하셔야 합니다.

덧셈에서는 항상 0이 존재한다고 기억해 두세요.
0에서 빼기 위해서는 짝이 되는 수를 만든 후에 뺀다는 것도 반드시 알아야 하는 내용이죠.
이제 이 정도는 앞에서 많이 연습을 했기 때문에, 익숙해졌을 거라고 생각해요.

 맞아요. 그래서인지 수식의 의미가 확실해지는 듯한 느낌이에요.

 다행입니다.

## 등식의 성질

이번엔 **등식의 성질**에 대해서 잠깐 이야기하려고 합니다.
수학에서 등식의 성질은 가장 기본적이면서 또한 가장 중요한 성질이죠.
모든 계산에서 거의 빠지지 않고 등장하는 것이 등식의 성질입니다.

이전의 내용들에서도 등식의 성질을 사용했지만
여기서 다시 이야기해서 확실하게 개념을 잡아둡시다.

유미? 졸아요?

아뇨. 아뇨. 잠깐 눈을 감고 정리해 봤어요.

그래요? 그럼 한번 이야기해 보실래요?

네! 먼저
**등식의 양변에 같은 수를 더해도 등식은 성립한다**.
$a+b=c$ 라는 식의 양변에 $d$ 를 더하여도 등식을 사용해서 두 식을 나타낼 수 있습니다.
그래서 $a+b+d=c+d$ 처럼 쓸 수 있어요.
두 번째는 **등식의 양변에 같은 수를 빼도 등식은 성립한다**.
양변에서 $d$ 를 뺀다면, $a+b-d=c-d$ 처럼 됩니다.
세 번째는
**등식의 양변에 같은 수를 곱하여도 등식은 성립한다**.
양변에 $d$ 를 곱한 식은 $d(a+b)=dc$ 가 됩니다.

여기서 주의 할 점은 항이 두 개 이상일 때
반드시 **괄호 연산자를 사용해야 한다**는 것입니다.

마지막으로 ==등식의 양변에 0이 아닌==
==같은 수로 나누어도 등식은 성립한다==.
그런데 여기서 정말정말 중요한 것은 '**0이 아닌**'이라는 조
건이 반드시 있어야 한다는 겁니다.
왜냐하면 0을 0으로 나누면 해가 무수히 많고요.
0이 아닌 다른 수를 0으로 나누는 것은 불가능하거든요.

여기서 잠깐 등식의 성질을 이용한 식을 적어보겠습니다.
$3x = 5$라는 식에서 $x$는 어떤 값일까요?

$\dfrac{5}{3}$가 되겠죠?

맞습니다. 곱셈과 나눗셈의 정의를 이용해 볼게요.
왼쪽은 $x$가 3개 있습니다.
그래서 $x$는 3번 더하면(또는 있으면) 5가 되는 수겠죠?

아하! 분수의 정의를 또 사용하게 되네요.
3개 있으면 5가 되는 수는 $\dfrac{5}{3}$이고 결국 $x$가 되겠네요.

정의를 이용하니까 훨씬 쉽네요.

그렇죠.

곱셈연산자의 대상이 되는 수를 **인수**(因數)라고 합니다.
그리고 어떤 수를 곱셈 연산자를 사용하여 표현하는 것을
**인수분해**(因數分解)라고 한답니다.
그럼 12라는 숫자를 곱셈을 이용하여 표현해 봅시다.
다음은 모두 12를 인수분해 한 식들입니다.
$3 \times 4,\ 1 \times 12,\ 6 \times 2,\ (-4) \times (-3),\ 3 \times 2 \times 2$
다양한 인수들이 보이죠?
여기서 마지막 수식처럼 어떤 수의 인수들을 소수(素數)로
만 표현하는 것을 '**소인수분해**'라고 한답니다.

소수란 1과 자기 자신의 수로만 인수분해 되는 수입니다.
예를 들면 $3 = 1 \times 3$, $13 = 1 \times 13$이기 때문에 3과 13은
소수입니다. 단, **소수는 1보다 큰 자연수**입니다.

가장 간단한 인수분해부터 해볼게요.
$ab + ac$의 첫 번째 항에서 $a$는 몇 개있나요?

 $b$개 있어요.

 두 번째 항에는 $c$개 있어요.

 그럼 $a$는 모두 $(b+c)$개 있다고 말할 수 있습니다.
식으로 나타내면 $a(b+c)$가 되겠죠?

좀 더 쉽게 설명해 드리겠습니다.

빵을 11개 가지고 있는 학생이 3명 있다고 합시다.
친구들에게 나누어 줄 빵이 부족해서
이 세 명의 학생들이 빵을 각각 13개씩 더 샀다고 합니다.
이때 한 사람이 가지고 있는 빵의 개수는 몇 개일까요?
단, 계산은 하지 마세요.

 $(11+13)$개 있어요.

 맞습니다.
그럼 총 빵의 개수는 몇 개일까요?

 $3 \times (11+13)$개입니다.

 좋습니다.
빵을 11개 가지고 있던 또 다른 학생 2명이 왔습니다.
이 학생들도 빵을 13개씩 더 샀습니다.
이때 빵을 $(11+13)$개 가지고 있는 학생은 몇 명인가요?

 $(3+2)$명입니다.

 그렇다면 총 빵의 개수는 몇 개일까요?

 $(3+2)(11+13)$개입니다.

이제 문자로 바꾸어서 생각해 봅시다.

빵을 $x$개 가지고 있는 학생이 $a$명 있다고 합시다.
친구들에게 나누어 줄 빵이 부족해서
이 $a$명의 학생들이 빵을 각각 $y$개씩 더 샀다고 합니다.
이때 한 사람이 가지고 있는 빵의 개수는 몇 개일까요?

숫자 빼고 다 그대로네요?

일부러 알기 쉽게 바꾸지 않았어요.

$(x+y)$개입니다.

빵을 $x$개 가지고 있던 또 다른 학생 $b$명이 왔습니다.
이 학생들도 빵을 $y$개씩 더 샀습니다.
이때 빵을 $(x+y)$개 가지고 있는 학생은 몇 명인가요?

음.. $(a+b)$명입니다.

그렇다면 총 빵의 개수는 몇 개일까요?

$(a+b)(x+y)$개입니다.

처음으로 돌아가서 살펴봅시다.
원래 $a$명이 가지고 있던 빵의 개수는 몇 개일까요?

 $ax$개입니다.

 $a$명이 산 빵의 개수는 몇 개일까요?

 $ay$개입니다.

 원래 $b$명이 가지고 있던 빵의 개수는 몇 개일까요?

 $bx$개입니다.

 $b$명이 산 빵의 개수는 몇 개일까요?

 $by$개입니다.

 그럼 총 빵의 개수는 몇 개일까요?

 $ax + ay + bx + by$ 입니다.

 그렇다면
$ax + ay + bx + by = (a+b)(x+y)$ 이겠죠?

그렇네요.

 자! 지금까지 과정을 수식으로 보도록 합시다.

$$ax + ay + bx + by$$

$$\downarrow$$

$$a(x + y) + b(x + y)$$

$$\downarrow$$

$$(a + b)(x + y)$$

이번에는 인수분해 했던 식을 다시 전개해 보겠습니다.

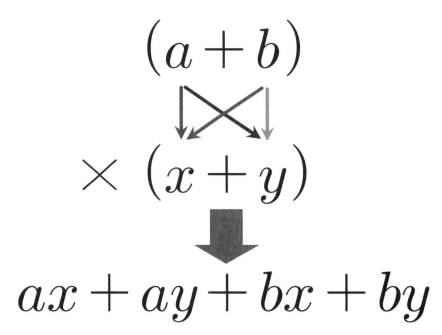

 가로로 곱하는 것보다 세로로 놓고 곱하는 것이 더 쉬워
보여요.

 그렇죠! 전개는 그렇게 어렵지 않죠?
이렇게 전개하는 방법을 **분배법칙**이라고 합니다.

다음과 같은 형태의 식이 있다고 합시다.

$$x^2 + 3x$$

공통인수는 $x$이므로 $x(x+3)$처럼 나타낼 수 있어요.

이때, 어떤 수식에서 일정한 문자의 최고 차수가 $x^2$처럼 이차라면 그 수식을 이차식이라고 불러요.

이 수식 뒤에 $x+3$을 인수로 가진 $5(x+3)$이라는 수식이 따라올 때, 이 식을 공통인수를 사용하여 나타내면 $(x+3)(x+5)$가 되겠죠?

위의 식을 다시 전개하면 $x^2 + 3x + 5x + 3 \times 5$가 되고, 이 식의 동류항을 정리해서 나타내면 $x^2 + (3+5)x + 3 \times 5$ 가 됩니다.
이차식이 위와 같은 모양일 때 인수분해가 가능해집니다.

이제 우리는 **곱해서 상수항**, **더해서 $x$의 계수**가 되는 수를 알 수 있다면 위의 방식처럼 인수분해를 할 수 있어요.

자, 연습 삼아서 한번 해봅시다.
$x^2 - 2x - 15$ 은 어떻게 인수분해 될까요?

제가 해볼게요. $(x-5)(x+3)$입니다.

 어? 어떻게 그렇게 빨리 할 수 있어?

 일단 $x$의 계수는 $-2$이고 상수항은 $-15$이니까,
더해서 $-2$가 나오고 곱해서 $-15$가 나오는
두 수를 찾아봐.

 $+3$하고 $-5$인거야?

 맞아. 식을 다시 써보면
$x^2+(3-5)x+3\times(-5)$가 되니까
$x^2+3x-5x+3\times(-5)$로 풀어서 인수분해하면 쉬워.

 다음은 내가 해볼게.
$x(x+3)-5(x+3)=(x+3)(x-5)$
맞지?

 그래.

 참고로 상수항의 부호가 '$-$'일 때는 두 인수의 부호가 다르기 때문에 부호를 뗀 두 수의 차가 $x$항의 계수가 되는 두 인수를 찾으십시오.
(수의 크기가 큰 수의 부호가 $x$항의 부호입니다.)

앞장에서 우리는 더해서 $x$의 계수, 곱해서 상수항이 나오는 어떤 두 수를 찾기만 하면 인수분해가 되는데...
그렇지 않을 경우는 어떻게 인수분해를 해야 할까요?

이제부터 제곱근이라는 연산자를 배워 볼 거예요.

 제곱근이요? 어디서 들어본 것도 같은데?

 제곱이랑 관련이 있을 거야! 아마도...

 맞아요. 제곱근은 제곱이랑 역의 관계랍니다.
그리고 이차식에서 주로 제곱근 연산자를 통해 답이 나오기 때문에 지금부터는 정답을 '근'이라고 부르기로 해요.

제곱근을 이야기하기에 앞서서 다음의 내용을 반드시 아셔야 합니다.

'우성'이와 '유미' 오직 둘만 1학년입니다.

위와 같은 조건이 주어질 때, 다음은 맞는 표현일까요?

① 우성이는 1학년이다. 또는 유미는 1학년이다.

맞는 거 아닌가요?

 그렇죠. 그럼 이렇게 말하면 어떨까요?
② 1학년은 우성이다. 또는 1학년은 유미이다.

 이것도 맞는 거 아닌가요?

 아닙니다.
여기서 ②에 쓰인 문장들은 모두 틀린 문장입니다.

누군가가 '1학년은 우성이다.'라는 말을 들었을 때,
1학년에는 우성이만 있는 것으로 생각하기 쉽습니다.
그래서 이렇게 이야기하는 것이 옳습니다.

'1학년은 우성이와 유미이다.'

다른 예로
'여자는 사람이다.', '남자는 사람이다.'라는 말은 맞지만
'사람은 여자이다.' 또는 '사람은 남자이다.'라는 말은 잘못
된 말이 됩니다.

이해가 되나요?

 어느 정도는요.

그러면 $x^2 = 4$라는 등식에서...
(등식이란 '='(등호)를 사용하여 나타낸 식입니다.)

$x$가 될 수 있는 수는 무엇일까요?

 2죠? '맞아요.'라고 해주세요.

 안타깝게도 틀리셨습니다.

 왜죠? 2를 2번 곱하면 4가 되잖아요.

 정답을 이야기하자면 $x$는 2 또는 -2입니다.
둘 중 한 개라도 이야기하지 않는다면 정답이라고 할 수 없게 돼요.

 아! '우성이와 유미' 이야기 할 때 눈치 챘어야 했는데...

 음! 이제부터는 조금은 엉뚱할 수도 있는 이야기를 하려고 해요.

그럼, $x^2 = -1$이 되는 수도 있을까요?

 두 번 곱해서 -1 이 될 수 있나요?
풍선 추 모델과 알약 모델 그리고 주머니 모델로는 2번 곱해서 -1이 되는 경우는 없지 않나요?

그렇죠? 그래서 준비했습니다.

 모든 수는 **각**과 크기를 가지고 있습니다.
양의 정수부분은 [0°]로 생각하고 음의 정수부분을 [180°]
라고 생각한다면 [90°]인 **각**도 있겠죠?
그리고 곱셈에서는 **크기**끼리는 **곱**해지고 **각**끼리는 **더해지
는 모델**이 있다고 합시다.

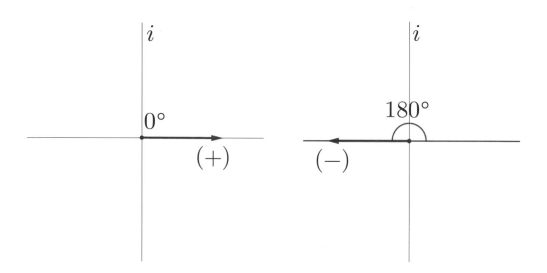

 어라? 그러면 −1이 [180°]이니까 두 번 곱해지면
**각**은 더해지는 거니까 원래 자리로 돌아와서
[0°]가 되기 때문에 +가 되네요?

 네! 그렇죠.
**각수**모델에 대한 설명을 좀 더 해보겠습니다.
**각수**모델에서는 '[', ']'(대괄호) 연산자를 사용합니다.

원리는 (131)쪽 이후에 자세히 배웁니다.

따라서 기본적인 계산 방법만을 소개하겠습니다.
**각수**모델을 사용하는 방법은 다음과 같습니다.

# 크기 [각]

 '[', ']' (대괄호)는 한 묶음으로 해서, '(', ')'연산자처럼
하나의 문자로 취급합니다.
그리고 앞의 실수는 **각수**의 크기를 나타냅니다.
(각수의 계수가 없을 때의 크기는 '1'로 합니다.)

'[', ']'안의 각도가 같으면 같은 각수로써 다른 문자들처럼
덧셈이나 뺄셈을 합니다.
다른 각수라면 덧셈이나 뺄셈을 할 수 없습니다.
(그러나 [180°] 차이 나는 경우는 가능합니다.)

$2[20°] + 3[20°] = 5[20°]$ (같은 각수 : 덧셈 가능)
$3[20°] - [20°] = 2[20°]$　(같은 각수 : 뺄셈 가능)
$2[20°] + 3[60°]$ (다른 각수 : 덧셈 불가능)
$5[20°] - 3[70°]$ (다른 각수 : 뺄셈 불가능)

각수는 곱셈과 나눗셈도 가능합니다.
곱셈을 계산할 때는 크기는 크기끼리 곱하고,
'[', ']'안의 각도끼리는 더합니다.
나눗셈을 계산할 때는 크기끼리 나누고,
'[', ']'안의 각도끼리는 빼줍니다.

$$2[20°] \times 3[30°] = 6[50°]$$
$$12[70°] \div 4[30°] = 3[40°]$$

$[0°]$의 **각**을 갖는 경우는 대부분 생략합니다.
$[180°]$는 '$-$'로 $[90°]$는 $i$로 간단하게 나타냅니다.
각이 90°이상이거나 180° 이상인 경우는 필요에 따라서
'$-$'와 $i$로 바꿔서 씁니다.
$$3[0°] = 3, \ [0°] = 1$$
$$[220°] = [180°][40°] = - [40°]$$
$$[110°] = [90°][20°] = i[20°]$$

더 자세한 설명은 2부에서 다루겠습니다.
자! 이제 **각수** 모델에서 사칙연산을 어떻게 적용하는지 알
겠습니까?

예! 할 수 있을 것 같아요!

 그러면 −1이라는 수는 '−'가 [180°]를 의미하기 때문에 순수한 크기는 1이 되겠군요.
그래서 두 번 곱해서 −1, 즉 크기는 1이고 각은 [180°]인 수가 나오려면 [90°]를 두 번 곱하면 되니까...
세상에! 각수 모델로 하니까 모든 게 해결 돼요.
헐! 어떡해요!!!

 유미학생은 천재예요.

그런데 여기서 유미가 빠트린 이야기가 있죠?
두 번 곱해서 [180°]가 되는 또 다른 경우가 있어요.

 아차... 그렇네요. [180°＋90°]의 각수도 두 번 곱하면 [360°＋180°]니까 [180°]와 같은 각이네요.
그러니까 [270°]도 정답이 되겠습니다.

 맞아요.
그런데 우리는 이미 학교 교과서 등에서 [90°]인 각수를 $i$ 기호를 사용해서 나타내고 있기 때문에 앞으로 [90°]대신 $i$를 사용하기로 했죠.
[180°]는 '−'부호로, [0°]는 '＋'부호라는 것도 기억하죠?

오! 감동이에요. 모든 수가 **각수**의 형태로 표현이 가능하다니, 수라는 것은 크기만을 가지고 있는 거라고 배웠는데...

 여기서 주의할 점은 제곱해서 1이 되는 크기만을 가진 수는 한 개이지만, **각**을 고려하기 때문에 $x^2 = 1$의 형태를 만족하는 근의 개수는 반드시 두 개가 된답니다.

또한 마지막 단원에서 배우겠지만 각수에 있는 **벡터**를 더 확장하면 근의 개수는 더 늘어납니다.
이 내용에 대해서는 뒤에 자세히 나옵니다.

 정말요?

 네!
하지만 아직은 근이 2개만 된다고 알고 계셔야 합니다.
자! 이제부터 근이 왜 2개로 제한되는 지를 간단히 이야기 해볼 거예요.

$x^2 = 4[30°]$의 근은 몇 개일까요?

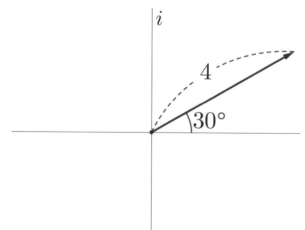

제가 한번 해보겠습니다.

 그럼 우성이가 해보세요.

 두 번 곱해서 4가 되는 순수한 크기는 2고요.
두 번 곱해서 [30°]가 되는 각수는 [15°]예요.

그런데 각수의 입장에서 보면 [180°]를 두 번 곱하면
[360°]가 돼요. 이건 [0°]하고 같아요.
그러니까 [180°]에 [15°]를 곱한 [195°]도 두 번 곱하면
[360° + 30°]가 되는 거니까... 결국 [30°]와 같아요.
정답은 2[15°]와 2[180° + 15°]가 되는 거죠?

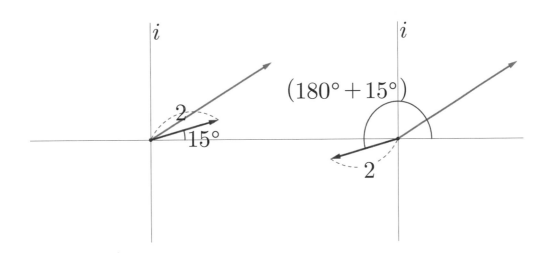

 오... 완벽해요. 이제 우성이도 원리를 이해한 거 같네요.

자, 그럼 이번엔 고난도 문제를 내보죠.
$x^3 = 1 \times i$ 입니다.

 3번 곱해서 [0°]와 일치하는 각도는 [0°], [120°], [240°]가 있고, $i$가 [90°]를 의미하니까 [30°]를 세 번 곱하면 [90°]인 $i$가 되겠네요. 세 번 곱해서 1이 되는 크기는 1밖에 없으니까...
$1[0° + 30°]$, $1[120° + 30°]$, $1[240° + 30°]$ 이렇게 세 개가 있는 거죠?

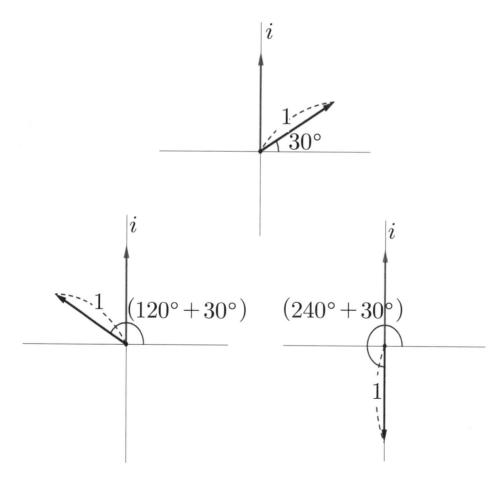

역시 유미는 수학천재인거 같아요.

 뭐... 다들 그렇다고 하더라고요.

 음...

이제 **각수**에 대해서는 어느 정도 익숙해진 거 같으니까 다시 제곱근에 대해서 이야기를 해보죠.

각도를 포함한 수는 나중에 공부하기로 하고 제곱해서 양수가 되는 경우만을 생각합시다.

 양수요?

 아! 수가 각을 가지고 있다는 사실을 배우기 전에 우리가 사용하는 수들 중에 0보다 큰 수들을 양수라고 해요.

1, 3, $\frac{1}{3}$과 같은 수들은 모두 양수입니다.

다시 말하면, 양수는 순수하게 크기만을 가진 수를 이야기하는 거예요. 스칼라(scalar)죠?
자, 이제 각을 고려하지 않고 크기만을 고려한다면 다음의 식을 만족하는 $x$는 무엇일까요?

$$x^3 = 2$$

3번 곱하면 2가 되는 수라고요?
그런 수가 있기는 있나요?

 예, 있답니다.
여러분이 전자계산기에서 $\sqrt{\phantom{x}}$ 를 본 적이 있을 거예요.

 맞아요. 계산기를 보니까 있더라고요.

 도대체 어떤 용도로 사용하는지 그동안 궁금했었는데...

 이제부터 제곱근이라 부르는 저 기호를 설명할 겁니다.

분수연산자는 분모의 수만큼 분수를 더하거나 빼서 분자가 되는 수였다면, 제곱근 연산자는 그 수를 제곱근 기호 왼쪽 위에서 지정한 수만큼 곱할 때 제곱근 안의 수가 되는 연산자입니다.

$x^3 = 2$ 에서처럼 3번 곱해지면 2가 되는 수를 정의해보도록 합시다.

각을 고려하지 않은 순수한 크기만을 가진 수는 이렇게 쓰기로 합니다.

$\sqrt[3]{2}$   ('3 제곱근 2'라고 읽는다.)

여기에서 작은 숫자 3은 '3번 곱해지면'을 의미하고요.

2는 그 결과를 나타냅니다.

그럼,

$x^5 = 7$이 되는 크기만을 가진 수는 무엇일까요?

 쉬워요. 5 제곱근 7입니다. ($= \sqrt[5]{7}$)

 맞아요.
계산기를 켜고 5 제곱근 7을 구한 후에 5번 곱해보세요.
7이 나오는지 확인해 보세요.

 어? 정말 5번 곱하니까 7이 나오네요?
그런데 5 제곱근 7의 값은
1.475773161594552069276916695632244106544093 6137
402035677709041688845217674992083…
사용되는 숫자가 이렇게 많으면 다루기가 힘들 것 같아요.

 그래서 이런 종류의 수는 평소에는 간단하게 $\sqrt[5]{7}$과 같은 형태로 쓰다가, 실제 값이 필요한 경우에만 계산기를 이용해서 구하면 돼요.

 아! 그러니까 평소에는 $\sqrt[5]{7}$과 같은 형태로 사용하면 되는군요?

 그래요.

그리고 $\sqrt[2]{3}$에서처럼 제곱해서 3이 되는 수를 나타내는 경우는 '2번 곱한다.'라는 의미를 생략한 $\sqrt{3}$으로 표기하고, 이제부터 우리는 이것을 간단히 '**루트** 3'이라고 읽어주기로 해요.

그렇다면 $\sqrt[1]{3}$은 어떤 의미일까요?

한 번 곱하면 3이 되는 수인데?
그냥 3 아닌가요?

맞습니다.
저렇게 한 번 곱해서 3이 나온다는 표현은 그냥 3을 그대로 써도 상관없겠죠?
그래서 1 제곱근의 수는 쓸 일이 없답니다.
쓸 일이 없으니까 잊어버려도 됩니다.

분수에서 $\dfrac{5}{1}$처럼 한 번 더하면 5가 될 때는 분수형태를 쓰지 않는 것과 같군요?

역시, 유미네요.
정확하게 분수 연산자와 제곱근 연산자를 이해하셨어요.
나중에 알게 되겠지만
제곱근 연산자는 거듭제곱 연산자의 위치에서 분수 형태로 쓰기도 해요. 곱셈에서의 분수인 셈이죠.
필요할 때 좀 더 자세히 이야기하도록 해요.

마지막으로 제곱근에 대해 정리를 해보겠습니다.
아래 수식을 봅시다. ($n$ 제곱근 $a$)

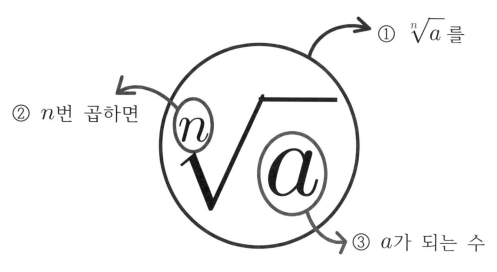

① $\sqrt[n]{a}$ 를

② $n$번 곱하면

③ $a$가 되는 수

 오! 수식을 보니까 더 확실히 알겠어요.

 그리고 위의 식은 $a^{\frac{1}{n}}$과 같은 수입니다.

$a^{\frac{1}{n}}$은 아시죠?

$a^{\frac{1}{n}}$을 $n$번 곱하면 $a$가 됩니다.

 흠! 알겠어요.

자, 이번엔 이차식의 인수분해를 연습해볼 거예요.
이차식을 다루다 보면 모든 식을 어떻게 다뤄야 하는지 쉽고 빠르게 이해할 수 있어요.

이차식의 인수분해에 대해 시작해 봅시다.

$$x^2 - x - 20 = x^2 - 5x + 4x - 5 \times 4$$

등호의 왼쪽 식을 오른쪽 모양으로 바꿔서
인수분해 하는 방법은 어느 정도 아시죠?

 네, 집에서 충분히 연습했어요.

 이제는 다른 방법으로 이차식을 인수분해 하는 방법을
이야기해봅시다.

 다른 방법도 있어요?

 네! 방금 전에 배웠던 제곱근을 활용할 거예요.

우선, 이차방정식에 대해서 다시 이야기할게요.

$$x^2 - x - 20 = 0$$

위의 식처럼 등호를 포함한 식에 미지수 $x$의 최고 차수가
2차면 이차방정식이라고 불러요.
여기서 차수란 거듭제곱한 수를 말하는 거예요.
즉, $x^2$에서 2가 바로 차수가 되는 거죠.

왼쪽 식을 인수분해하면 $(x-5)(x+4)$가 되죠?
그러면 이 식의 $x$에 5를 넣으면 식의 값은
얼마가 될까요?

 '0' 아닌가요? 왼쪽 괄호가 '0'이 되니까
오른쪽 식의 값이 무엇일지라도 '0'이 돼요.

 맞습니다. 그러면 $x$ 대신 -4를 넣으면 어떻게 되죠?

 그것도 '0' 아닌가요?

 맞아요.
반대로 어떤 식의 근을 알고 있다면
그 근을 이용해서 이차방정식을 만들 수도 있습니다.

 다음과 같은 이차식이 있다고 합시다.
$x^2 + 2x + 2x + 2 \times 2$

이런 형태의 이차식은 $(x+2)^2$처럼 인수분해가 됩니다.
그리고 인수분해 된 식을 **완전제곱식**이라고 부릅니다.

$x^2 + 6x +$ ☐ 에서 이 식이 **완전제곱식**이
되려면 어떤 수식이 필요할까요?

$6x+6\times 6$ 인가요?

 $9$ 아녜요?

 둘 모두 정답입니다.
물론 다른 형태의 **완전제곱식**으로 나타나겠지만요.

일단, 우성이의 답을 활용하면 $(x+6)^2$이 될 거고요.

유미의 답을 활용하면 $(x+3)^2$이 되겠네요.

그럼 왜 유미가 말한 9도 완전제곱식을 만들게 될까요?

 $6x=3x+3x$, 9는 $3\times 3$으로 바꾸면 돼요.

 맞았어요.

그리고 우리가 이차방정식을 풀 때는 유미의 방법을 사용하게 됩니다.

 음, 난 역시 수학적 머리가 있나봐!!!

자, 이제 평소에 인수분해 할 때 유용한 식이 또 하나 있어요.

$x^2 - 4$와 같은 형태는 어떻게 인수분해가 될까요?

 음, 가운데 항이 없어서 인수분해를 할 수가 없어요.

 전 할 수 있을 거 같아요!

 그래요, 유미가 방법을 한번 말해 볼래요?

 위 식은 $x^2 - 2x + 2x - 2 \times 2$의 형태로 바꿔지고...
$(x+2)(x-2)$의 형태로 인수분해가 되죠.

 잘하시네요.

 음, 역시 나야!!!!

 크흐흠!!! 네! 그래서 이와 같은 형태로 인수분해 될 수 있는 식을 **합차의 곱**이라고 부르기로 해요.

그럼, 암산 실력을 한번 점검해볼까요?

99를 제곱하면 얼마가 될까요?

노트에 써서 해도 돼요?

 음... 암산으로 해보세요.

 9801이에요.

 응? 우성이는 이렇게 빨리 계산이 돼요?

 방금 전에 배운 식을 이용해 봤어요.
$99^2 - 1^2 + 1^2$도 역시 99의 제곱과 같잖아요.
앞에 있는 두 항을 인수분해하면 $(99+1)(99-1)$이 되죠. 따라서 $100 \times 98$에 1을 더하면 돼요.

 정답입니다.

네! 좋아요. 유미도 원리는 이해하고 있으니까 그리 어렵지는 않을 거예요.

 맞아요.
저도 저렇게 계산 중이었는데... 조금 늦어버렸네요.

 믿어줄게요.
이번엔 $x^2 + 3x + 1$과 같은 식을 인수분해 해봅시다.
**완전제곱식**과 **합차의 곱**을 잘 이용하면 위와 같은 식도 인수분해를 할 수 있습니다.

방금 언급한 다항식을 $x^2 + 3x + 1 = 0$처럼 고치고,
$x^2 + 3x = -1$처럼 식을 변환합니다.

그리고 왼쪽을 어떻게 하면 **완전제곱식**이 될까요?

 두 번 더해서 $3x$가 되는 식을 찾아야 해요.
분수의 정의로부터 두 번 더해서 $3x$가 되는 수는

$\dfrac{3x}{2}$입니다.

그 다음엔 $x$의 계수인 $\dfrac{3}{2}$을 제곱한 $\dfrac{9}{4}$를 양변에 더해서

등식을 만들면…

$x^2 + \dfrac{3x}{2} + \dfrac{3x}{2} + \dfrac{3}{2} \times \dfrac{3}{2} = -1 + \dfrac{9}{4}$

$(x + \dfrac{3}{2})^2 = \dfrac{5}{4}$가 됩니다.

 자! 여기서 제곱을 해서 $\dfrac{5}{4}$가 되는 수를 구하면?
잠깐 여기서는 **각**도 고려하기로 합니다.
우성이 말해 볼래요?

 제곱을 해서 $\dfrac{5}{4}$가 되는 크기는 $\sqrt{\dfrac{5}{4}}$이고요.

양수이기 때문에 제곱을 해서 $[0°]$가 되는 경우는 두 가지
경우가 있습니다.

바로 [0°]일 경우와 [180°]일 경우죠.

따라서 $x+\dfrac{3}{2}=+\sqrt{\dfrac{5}{4}}$ 와 $x+\dfrac{3}{2}=-\sqrt{\dfrac{5}{4}}$ 의 두 가지 경우가 있습니다.

 맞아요. 그런데 위의 두 식을 한번에 $x+\dfrac{3}{2}=\pm\sqrt{\dfrac{5}{4}}$ 처럼 쓸 수 있어요. 앞으로 이렇게 쓰기로 할게요.

여기서 $\sqrt{\dfrac{5}{4}}$ 와 $\dfrac{\sqrt{5}}{2}$ 는 제곱을 하면 같은 값을 가집니다.

따라서 크기만을 고려할 때, 두 수는 같은 수가 됩니다.

다시 $x+\dfrac{3}{2}=\pm\sqrt{\dfrac{5}{4}}$ 는 $x+\dfrac{3}{2}=\dfrac{\pm\sqrt{5}}{2}$ 처럼 바꿔 쓸 수 있고, $x=\dfrac{-3\pm\sqrt{5}}{2}$ 또는 $x-\dfrac{-3\pm\sqrt{5}}{2}=0$ 처럼 쓸 수 있어요.

위의 결과를 이용해 $x^2+3x+1$ 을 인수분해 할 수 있어요.

위에서 했던 방법을 간단히 요약하면

$$x^2+ax+b=(x+\dfrac{a}{2})^2-(\dfrac{a^2-4b}{2})^2$$ 처럼 됩니다.

여기에서 **합차의 곱**을 이용하여 인수분해를 하면 됩니다.

 이번 시간은 여기까지 하고요. 다음에 나오는 log 를 배운 후에 **각수**에 대해서 좀 더 자세히 이야기해 보기로 해요.

이번 장에서는 log에 대해서 이야기를 해보려 합니다.
log에 대한 기본 정의를 통해서 log의 특징을 어렵지 않게 파악할 수 있도록 도와 드리겠습니다.

초, 중학생에게는 log가 생소할 수 있지만, 고등학교 과정에서 배우는 $e$와 sin, cos에 쓰이는 '라디안 각도'를 근본적으로 이해하기 위한 과정에서 log에 대한 개념은 필수입니다.
그렇게까지 어려운 부분은 아닙니다.

log를 이해하기 위해서 꼭 필요한 물품은 공학용 계산기입니다.
스마트폰을 이용하셔도 됩니다.

물론 그 계산기는 제곱근을 구할 때도 사용됩니다.
log를 이용하면 엄청나게 큰 수의 곱셈이나 아주 작은 수의 곱셈을 쉽게 할 수 있습니다.
또한 log를 잘 이해하고 있으면 프로그래밍 할 때 복잡한 계산을 log를 이용해서 빠르게 계산할 수도 있답니다.

그럼 log에 대한 공부를 시작해 봅시다.

지금부터 로그에 대해서 공부하겠어요.

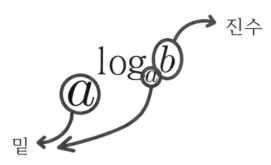

진수

$\log_a b$

밑

 로그? 로그인? 로그아웃?

 아닙니다.
'**log**arithm'이란 단어로부터 만들어진 것이고, 지수부분의
수를 정의하기 위해 사용되는 '연산자'입니다.

 그렇군요.

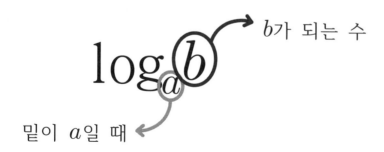

$b$가 되는 수

$\log_a b$

밑이 $a$일 때

$a^x = b$에서 $x$보이시죠?

 넵!!!

 이 $x$를 정의하기 위해 사용하는 연산자가 $\log$입니다.

 음... 그렇구나!!!

 $x = \log_a b$ 라고 쓸 수 있어요.
그래서 처음 식을 다시 나타내보면
$a^{\log_a b} = b$가 됩니다.

 음... 그러니까 밑이 $a$이고 그 결과 값이 $b$일 때 정의되는
수가 $\log_a b$로군요?

 응? 어떻게 그렇게 빨리 이해가 되죠?

 훗!!! 전 수학 천재라니깐요.

 ...

예를 들어볼게요.

$\log_2 8$은 어떤 수죠?

밑이 2일 때 결과가 8이 되는 지수여야 하니까 3이죠?

 맞아요. 그럼 $\log_3 27$은 어떤 수죠?

 이것도 3 아닌가요?
아주 어렵지는 않네요.

 그렇죠!

이번에는 $\log_{10} 100$은 얼마를 나타낼까요?

 밑이 10일 때 100이 되는 지수 값이니까, 2죠?

 음... 잘하네요!

 그럼요!!!

 그럼 $\log_3 7$은 얼마일까요?

 네? 밑이 3일 때 7이 되는 지수의 수가 있나요?
밑이 3일 때 지수가 1이면 3이고, 2면 9인데...
밑이 3일 때 지수가 얼마가 돼야 7이 되는 거죠?

 하하하! 이때 그 값을 표현하는 것이 log입니다.

그리고 그 표현을 계산기를 이용하면 원하는 값을 얻을 수 있는 거죠.

컴퓨터에 있는 계산기를 한번 보도록 할까요?

계산기 아래쪽에 log 버튼이 보이죠?

 네! 하지만 밑을 나타내는 표시는 없는데…

 맞아요! 일반적인 계산기에는 밑을 표시하는 수가 없어요. 그리고 밑이 표시가 안 되어 있다면 그 밑은 일반적으로 10으로 약속한답니다.

자! $\log_{10}2$는 얼마인지 구할 수 있을까요?

 2 누르고 log 버튼 누르니까, 0.301029… 이라고

나오는데... 그러니까 밑이 10이고 지수가 0.301029... 일 때 값은 2가 되는 거죠?

네, 맞습니다.

지수의 숫자는 정수만 쓰일 거라고 생각했는데, 이런 수가 지수에 존재할 수 있다는 것이 신기해요.

정리해보면 자연수, 정수, 유리수, 무리수 등과 같은 실수 들이 지수에 올 수 있어요.

와우!!! 엄청나네요.
하지만 $\log_3 7$과 같은 값은 계산기를 통해서 구할 수 없잖 아요.

그래서 이제부터 $\log_3 7$과 같은 값을 구할 수 있는 방법을 가르쳐 드릴 거예요.
바로 로그의 성질을 배우면 된답니다.
로그의 성질에 대해서 알고 나면 계산기를 통해서 $\log_3 7$을 구할 수가 있답니다.

오호!!! 그렇군요.

먼저 다음과 같은 연습을 하셔야 로그나 지수를 잘 이해할 수 있어요.

숫자 7을 3인 밑과 로그 형식의 지수를 이용하여 표현하면
어떻게 될까요?

 음, 결과가 7이 나와야 하니까 $3^{\log_3 7}$인가요?

 맞아요. 그래서 $7 = 3^{\log_3 7}$은 같은 수랍니다.
다시, 양수 $a$를 밑이 5인 지수와 로그를 이용하여 표현하
면 어떤 모양이 나올까요?

 음... 결과가 $a$인 거죠?

 네.

 $5^{\log_5 a}$죠?

 맞았어요.

이번에는 양수 $ab$를 밑이 1이 아닌 양수 $c$와 로그 형식의
지수를 사용해서 나타내 볼래요?

 이제 조금 익숙해 졌어요.
$c^{\log_c ab}$처럼 나타낼 수 있어요.

이제, 어떤 양수를 로그 형식의 지수를 사용하여 나타낼 수 있는 방법에 익숙해 지셨나요?

 연습을 해서 그런지 쉬워요!

 자! 로그의 성질을 잘 이해하려면
먼저 지수법칙을 잘 알고 있어야 해요.

지수법칙에서 $a^x \times a^y$ 처럼 밑이 같은 두 수의 곱을 간단히 할 수 있나요?

 $a^{x+y}$ 가 되지 않나요?

 맞아요! 지수 법칙을 잘 기억하고 있군요.

그럼 $(a^x)^y$ 은 더 간단히 쓰면 어떻게 돼요?

 단항식에서 괄호안의 지수와 괄호 밖의 지수는 곱의 관계이니까 $a^{xy}$ 이 되죠!

 맞아요! 방금 이야기한 내용들을 이용하여 로그의 성질을 찾아봅시다.

로그는 다음과 같은 조건에서 사용할 수 있습니다.

$$a > 0,\ a \neq 1,\ b > 0$$

아래 관계는 기본으로써 꼭 기억해야 합니다.
$$a^x = b \ \rightarrow \ x = \log_a b$$

그럼 $\log_a a$와 $\log_a 1$은 어떤 값이죠?

 밑이 $a$일 때 결과 값이 $a$가 되려면 지수는 1이겠죠?
그리고 1이 되려면 지수는 밑에 관계없이 0이 되겠네요.

 맞아요. $\boxed{\log_a a = 1,\ \log_a 1 = 0}$이 된다는 사실을 알아둡시다.

다음 식에서 어떤 로그의 성질을 알 수 있나요?
$$xy = a^{\log_a x} \times a^{\log_a y} = a^{\log_a x + \log_a y} = a^{\log_a xy}$$

 음! 마지막 등호의 좌우는 같은 수인데 밑이 모두 같기 때문에 지수도 같아야 합니다.
그럼, $\log_a x + \log_a y = \log_a xy$가 되겠네요?

 맞아요!
우성이는 알겠어요?

 살짝 헷갈려요.
그러니까 등식의 네 번째에 있는 식은 처음에 있는 $xy$를 로그형식의 지수를 이용해서 표현한 건가요?

 그래요.

아! 이제 이해가 가요.

 이번에는

$$\frac{x}{y} = \frac{a^{\log_a x}}{a^{\log_a y}} = a^{\log_a x - \log_a y} = a^{\log_a \frac{x}{y}}$$ 의 경우를 봅시다.

 제가 해보겠어요.

위 등식에서 세 번째와 '첫 번째 식으로부터 만들어진 네 번째 식'이 같다고 놓으면

$$\boxed{\log_a x - \log_a y = \log_a \frac{x}{y}}$$ 처럼 쓸 수 있습니다.

 맞았어요.

이번에도 같은 방법으로 로그의 성질을 알아봅시다.

$a^x = y$에서 $x = \log_a y$입니다.
또, 처음 식의 양변에 $k$제곱을 합시다.
$(a^x)^k = a^{kx} = y^k$이 되겠죠?

 그렇죠!

 여기서 $a^{kx} = y^k$ 양변에 밑이 $a$인 log를 사용하면
$\log_a a^{kx} = \log_a y^k$이 됩니다.
다시 정리하면

$kx = \log_a y^k$이 됩니다. 여기서 $x$ 대신 $\log_a y$를 대입하면 $k \log_a y = \log_a y^k$ 이라고 할 수 있습니다.

다시 한번 정리해 보겠습니다.

$$a^{k \log_a y} = \left(a^{\log_a y}\right)^k = a^{\log_a y^k}$$ 입니다.

 등식의 두 번째 괄호 안은 결국 $y$이고 괄호 밖은 $k$제곱이니까 다 같은 식이네요.

그래서 $k \log_a y = \log_a y^k$가 되는군요.

 네! 앞으로 나오는 $\log$에 관한 대부분의 성질들은 이 성질을 이용해서 증명할 수 있으니까...
정말 중요한 성질이라고 볼 수 있습니다.

이번에는 $\log_a b$의 분자분모에
$\log_c a$를 곱하면
$$\frac{\log_a b \times \log_c a}{\log_c a}$$ 가 됩니다.
앞에서 배웠던 성질을 이용하여 분자를 정리하면
$$\frac{\log_c a^{\log_a b}}{\log_c a} = \frac{\log_c b}{\log_c a}$$ 가 됩니다.

다음과 같은 식이 성립하는 거죠!
$$\log_a b = \frac{\log_c b}{\log_c a}$$ 가 됩니다.

 오! log는 다양한 성질이 있네요!

 그럼요. 하나 더 말씀 드리자면,
$$1 = \log_a a = \log_a b^{\log_b a} = \log_a b \log_b a$$에서
$$\log_a b = \frac{1}{\log_b a}$$ 도 됩니다.

 우와!

자 아래의 식은 올바른 식일까요?

$$b^{\log_a c} = c^{\log_a b}$$

흠.. 어려워요.

자! 정답을 말씀하시는 분께 '**영화 티켓 2장**' 쏩니다!

앗! 저 알아요.

양변에 똑같이 밑이 $a$인 로그를 취하면 되지 않나요?

$\log_a b^{\log_a c} = \log_a c^{\log_a b}$ 에서   $\log_a c \, \log_a b = \log_a b \, \log_a c$로

바꾸면 같은 걸 확인 할 수 있어요.

딩동댕!!!

유미야! 나 영화티켓 2장 생겼어!

나랑 영화 보러 갈래?

아니.

그래.

흠흠! $\log$ 는 정말 중요합니다.

이 책에서는 이렇게 특징만 적었는데요.

수학 관련 서적에서 $\log$에 관한 문제를 풀어보시다 보면

$\log$ 가 실제 생활에서 얼마나 많이 쓰이는지

아실 수 있습니다.

마지막으로 $\log_3 7$의 값을 계산기로 계산해봅시다.

계산기에는 밑이 $e$인 로그($e$는 오일러 상수) $\ln$이나 밑이 10인 $\log$ 또는 $\log_{10}$이 있을 겁니다.

자! 이 상태에서 $\log_3 7$은 어떻게 계산할 수 있을까요?

 제가 해볼게요.

$\log_3 7$은 $\dfrac{\log_{10} 7}{\log_{10} 3}$과 같으니까

$\log_{10} 7$을 구한 후에 $\log_{10} 3$으로 나눠주면 됩니다.

 오! 잘하셨어요.

이제 $\log$ 연산자를 이용하는 방법도 배웠습니다.

마침내 간단한 정의에 의해서 만들 수 있는 기본적인 일차원 수를 모두 배웠어요.

다음 시간에는 평면과 관련된 수를 배울 겁니다.

 기대가 되네요.

벡터에 대한 설명은 앞으로 계속해서 나옵니다.
그래서 조금 이야기해보려 합니다.

방향이 없는 실수와는 달리 벡터는 방향을 가지고 있는 양입니다.
크기가 같은 벡터라 할지라도 방향이 다르면
그 벡터들은 모두 다른 벡터가 됩니다.

실수는 단순히 증가와 감소를 나타내기 때문에 대개 한 성분만으로 원하는 수를 표현할 수 있지만,
벡터의 성분은 일반적으로 2개 이상입니다.
그리고 벡터의 기본연산인 덧셈과 뺄셈은 같은 성분끼리 더해주거나 빼주면 됩니다.

예) $(2,\ 3) + (-1,\ 2) = (1,\ 5)$

물론 적당한 실수를 곱하거나 나눠서 벡터의 크기를 변경할 수 있습니다.

예) $3 \times (2,\ -3) = (6,\ -9),\ \dfrac{(6,\ 8)}{2} = (3,\ 4)$

벡터간의 곱셈과 나눗셈을 이용해 방향을 바꿀 경우는 벡터의 차원(성분의 개수)에 따라 불가능한 경우도 있습니다.
곱셈과 나눗셈을 통한 벡터의 방향 전환은 각수공간이 생기는 벡터공간에서만 가능하기 때문에 주의하셔야 합니다.
각수공간은 여기 2부에서 다루게 됩니다.

# 7장 $i$는 어떤 수?

지금까지 사람들은 $i$를 어렴풋이 $90°$라는 **각**으로 생각한 사람들도 있었을 겁니다.

하지만 확신이 없었을 겁니다.


$e^{i\pi} + 1 = 0$ 은 오일러가 만든 식으로써,

'세상에서 가장 아름다운 공식'이라고 합니다.

하지만 오일러의 이 식을 이해하는 사람은 얼마나 될까요?

그리고 이 표현 방법이 정말로 옳은 걸까요?

3부에서 구면각수를 배우고 나면, 공간에서는 이 식에 문제점이 있다는 것이 약간 느끼게 될 겁니다.

사실, 여기서 소개하는 '**각수**'는 오일러의 항등식과 무관하게 만들어졌지만 평면상에서는 일치합니다.

그러나 공간에서는 오일러식의 표현방법이 문제가 있기 때문에 이 책에서부터는 '**각수**'표현 방법으로 이차원과 삼차원의 공간을 다루도록 하겠습니다.


'**각수**'를 발견하게 된 과정은 복소수를 배운 후에 복소수에 대한 한 가지 궁금증 때문이었습니다. 복소수의 곱에서 각들이 더해진다는 사실을 공학용계산기를 통해 알고 난 후, 복소수는 **각의 형식**을 이용해서 표현할 수 있음을 확신했습니다.


두 복소수의 곱셈에서 각각의 복소수가 가지고 있는 각들끼리 더해진다는 사실을 확인했지만 이것을 일반 좌표평면상에서도 확인을 하고 싶었습니다.

그러던 어느 날, 직각좌표계(좌표평면)에서 두 각의 곱이
결국에는 두 각의 합이 되는 것을 확인할 수 있었습니다.
직각좌표계에서의 증명 과정은 부록에 달아 두었습니다.


 지금부터 '**각수**'에 대해 본격적으로 이야기하려 합니다.


 고등학교과정 또는 대학과정의 일부에서 사용되는 모든
수는 **각수**라고 생각해도 됩니다.
각수는 '[', ']'(**대괄호 연산자**)를 사용합니다.
그리고 **각수의 정의**는 다음과 같습니다.


### 회전각을 가진 벡터


 '**각수**'는 평면상에서는 복소수 역할을 하지만
훨씬 더 넓은 범위의 수입니다.
각수공간에서는 복소수의 허수축을 하나의 벡터로 봅니다.
각수는 벡터와 실수의 관계를 각으로 표현한 수입니다.
벡터에 관해서는 조금씩 설명을 하겠습니다.

왜? $i^2$은 $-1$인가요?

왜? 모든 단위벡터의 제곱은 $-1$인가요?


인류는 처음 수를 사용한 이후로 수를 계속 발전시켜서 실수 체계까지 확장을 시킵니다.

그러나 각종 물리현상을 실수로 모두 표현하는 것은 불가능해서 더 넓은 범위의 수 체계를 필요로 하였습니다.

그래서 탄생한 것이 복소수입니다.


여기서 복소수를 확장하여 사원수, 벡터의 개념이 등장합니다. 하지만 벡터와 실수 사이의 관계를 명확하게 이해하지 못했기 때문에 사원수의 벡터부분만을 사용하면서 결국 사원수를 사용할 일이 거의 없어지게 됩니다.


그러나 현대에 이르러 사원수의 중요성은 다시 살아나게 됩니다. 인공위성이나 로봇, 인공지능, 삼차원 그래픽 프로그램과 관련된 분야에서 꼭 필요한 수가 됩니다.


그럼에도 불구하고 실수와 벡터의 관계를 명확히 정의한 책도, 사원수에 대해 정확히 그 개념을 분류한 책도 읽어볼 기회가 없어서 개인적으로 거듭 고민을 해봤습니다.


일단, 실수와 벡터는 아무런 관련성이 없다고 둡니다.

여기서 두 양(scalar, vector)은 서로 수직관계가 됩니다.

서로에게 아무런 영향을 주지 않는 경우를 수학에서는 '**직교**' 관계에 있다고 합니다.

그리고 두 양을 한 자리에 두고서 두 양의 관계를 정의해 보기로 했습니다.

$a + bi$ 라는 실수와 벡터의 혼합된 수가 있습니다.

그리고 이 수의 크기는 실수부의 제곱과 벡터성분의 크기의 제곱을 더하여 제곱근을 취한 값이 '1'(단위각수의 크기)이 되는 것으로 정의합니다.

$$\sqrt{a^2 + b^2} = 1$$

크기가 '1'이기 때문에 제곱의 크기도 '1'을 유지합니다.

$$\sqrt{(a^2 + b^2)^2} = \sqrt{a^4 + b^4 + 2a^2b^2} = \sqrt{(a^2 - b^2)^2 + 4a^2b^2}$$

$a + bi$ 도 제곱을 합니다.

$$(a + bi)^2 = a^2 + b^2i^2 + 2abi \xrightarrow{\text{크기}} \sqrt{(a^2 + b^2i^2)^2 + 4a^2b^2}$$

그리고 이 수의 크기가 위의 크기와 일치하도록 $i^2$값을 정하면, 단위벡터의 제곱인 $i^2$을 $-1$로 정의해야만

이 등식은 성립합니다.

여기서 모든 단위벡터의 제곱은 $-1$이 됩니다.

비슷한 방법으로 크기를 다르게 정의해 봅시다.

$a + bi$ 에서 $a$와 $b$가 서로 직교이면서

크기가 $\sqrt{a^2 - b^2} = 1$의 관계에 있다고 합시다.

이 수 또한 제곱을 해도 1이란 크기를 유지해야 합니다.

$$\sqrt{(a^2-b^2)^2}=\sqrt{a^4+b^4-2a^2b^2}=\sqrt{(a^2+b^2)^2-4a^2b^2}$$

$a^2+2abi+b^2i^2$의 크기와 일치해야 하기 때문에

$i^2=1$로 정합니다.

이러한 방법으로

정의된 수 $a+bi$를 '쌍곡각수'라 부르겠습니다.

여기서 $i$는 쌍곡벡터라 부르겠습니다.

쌍곡각수 $a+bi$도 각수와 비슷한 특징이 많습니다.

※ 2부와 3부에서는 쌍곡각수가 아닌 **각수**만을 다룹니다.

이렇듯 혼합된 새로운 수에 대한 크기를 다르게 정의를 함으로써 수 체계를 다양하게 확장할 수 있지만, 이 책에서는 쌍곡각수에 대해 자세히 다루지 않습니다.

이 책은 '우리가 기본적으로 필요로 하는 수인 각수와 **각수에 대한 기본적인 연산의 이해 또는 활용**'을 목적으로 하고 있습니다.

이후로도 더 다양한 수체계가 등장 할 수 있습니다. 하지만 반드시 논리적으로 이해할 수 있는 바탕 위에서 수가 만들어질 때 의미를 가질 수 있기 때문에, 논리 없이 수 체계를 확장하는 것은 추천하고 싶지 않습니다.

이 책에서는 각수를 소개함으로써 **수**라는 것은 결코 상상 속에 존재하는 어려운 개념이 아니라, 우리 주변에서 흔히 찾을 수 있는 대상이라는 것을 알리고 싶습니다.

각수라는 개념을 통해서 이차원뿐만 아니라 삼차원 공간을 보다 쉽게 이해할 수 있었으면 합니다.

삼차원 공간에서는 실수와 $i$에 수직인 $j$가 만들어지고 실수와의 관계는 $i$와 같습니다.
하지만 이 세 개의 요소로는 삼차원에서의 곱셈을 정의할 수 없기 때문에 $k$라는 '실수와 $i$, $j$에 모두 수직인 벡터'가 더 등장하게 됩니다.
$i$, $j$, $k$ 는 모두 방향을 나타내는 단위벡터입니다.
실수와 이 세 개의 단위벡터가 만드는 수를 구면각수라 부르겠습니다.
이 구면각수는 각수와 같은 개념의 수입니다.
세 개의 벡터 성분으로 이루어진 하나의 벡터와 하나의 실수로 이루어진 각수일 뿐입니다.
구면각수에 대해서는 다음 3부에서 자세히 다루겠습니다.

자! 이제 한 개의 벡터와 실수로 이루어진 각수가 이차원에서 어떻게 유용하게 쓰이는지 하나하나 알아봅시다.

## 각수란?

 수업 시작할 테니까 조용!!!

우리가 보통 사용하는 수는 각도 표시가 없죠?
여기서부터 모든 수는 반드시 각을 포함하고 있어요.
물론, 순수하게 실수로 이루어진 수는 $[0°]$ 또는 $[180°]$의
형태의 각수 형태입니다. $[0°]$의 각을 사용하는 수를 물리
에서는 스칼라(scalar)라고 하죠.

자 이제 본격적으로 **각수**에 대해 공부를 시작합니다.
$[10°]$(각 십도), 이건 수입니다.
크기는 당연히 1이고요.
만약, 각이 $10°$이면서 크기가 2인 수는 $2[10°]$로 쓰기로
합니다.

 어? 생각해 보니 이차방정식 할 때 말씀하셨던 건데...

 음, 역시 유미는 기억력이 좋군요.

 흠, 제가 한 기억력 하거든요.

 ...

그러면 **각수**는 어떻게 사용하는지 살펴보기로 해요.

그냥 수나 문자를 사용하듯이 사용하면 됩니다.

기하학적으로는 한 개의 직선과 각을 이용합니다.

그럼 $2+3[40°]$를 수직선상에 표시해 봅시다.

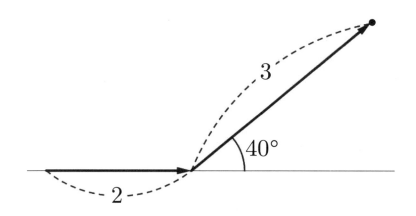

간단하죠?
이렇듯 직선에 각의 성분을 추가한 평면 위에
각수를 나타낼 수 있습니다.
그리고 그림의 최종점이 바로 이 수를 나타냅니다.

그렇다면 저 두 수는 교환법칙이 성립할까요?

 성립해요.
순서를 바꿔도 최종점은 같으니까요.

 맞습니다.

그림에서처럼 최종점은 같습니다.

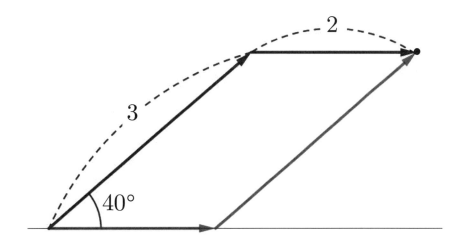

그렇다면, 이 수는 최종점만 같으면 모두 같은 수일까요?

 수직선상에서도 수식의 최종점이 그 수를 나타내는 것이니까 같은 수 아닐까요?
**5-8이나 10+(-13), -3이 같은 것**처럼요.

 오! 우성! 예리하네요.
맞습니다. 각수는 **수식이 나타내는 최종점이** 그 수를 나타냅니다.

다시 말해서 최종점만 같으면 같은 **각수**로써 교환법칙이 성립합니다.

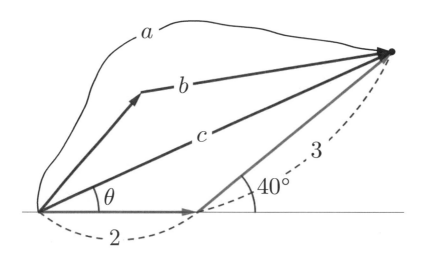

위의 수직선에서 보듯이 $a$, $b$, $c$는 모두 최종점이 같기 때문에 모두 같은 수입니다.

여기서 잠깐 $a$, $b$, $c$ 중에서 식으로 나타낸다면 어떤 것이 가장 간결한 식으로 표현 될까요?

 $c$가 아닐까요?

 오, 우성이는 역시 각수에 대한 감각도 있는 거 같군요.

 뭘, 이런 걸 가지고... 쑥스럽군요.

 그럼 $c$의 길이가 의미하는 것은 무엇일까요?

 수직선상에서 원점으로부터의 거리처럼 위의 각수도 시작점에서부터 최종점까지의 직선거리가 **크기** 아닐까요?
그리고 그 크기에 대괄호를 이용해 **각**을 나타내면 가장 단순한 형태의 각수가 되고요.

우성이의 의견이 맞을까요? 유미의 생각은 어때요?

 저도 우성이의 의견이 옳다고 생각해요.

 음! 두 사람 모두 정확하게 이해한 거 같네요.
맞습니다. 원점에서 출발한 직선거리의 길이가
각수의 크기가 됩니다.
그리고 우리는 그러한 개념을 수직선이나 좌표평면에서
사용해 왔었지요.

수식으로 쓴다면 어떤 형태일까요?

 만약, $c$가 직선거리의 길이를 나타낸다면
$c[\theta]$라고 표시하지 않을까요? ($\theta$ : 쎄타라고 읽음)
각수니까요.

 오, 각수를 자연스레 사용하는 군요.
자 여기서 $c$는 유미 말대로 길이를 의미하고,
$\theta$는 각의 크기를 나타냅니다.

# 각수의 기본 성질

저번에 각수에 대해 배웠지만 한번 더 복습하겠습니다.
같은 각도의 각수일 경우는 '제곱근 또는 수처럼 여겨지는
다른 문자들'처럼 더할 수도 있고 뺄 수도 있어요.
하지만 다른 각도일 경우는 덧셈, 뺄셈하는 것이 불가능하
므로, '+', '−' 연산자를 사용하여 나타내면 됩니다.

같은 각도인 예를 들어 보겠습니다.
$$[20°] + 3[20°] = 4[20°]$$

다른 각도인 경우는 아래처럼 그대로 둡니다.
$$[20°] + [30°] - 3[50°]$$

하지만 각이 다르다 할지라도 $180°$ 차이가 나는 경우는
계산이 가능합니다.
$[180° + 20°] = -[20°]$ 처럼 바꿔서요.

물론 $360°$는 필요에 따라서 사용할 수도 있지만,
대부분은 $0°$로 생각해서 생략합니다.

$330°$는 $360° - 30°$인데 $360°$는 $0°$도로 취급하니까
$-30°$만을 사용하기도 합니다.
$$[330°] = [360° - 30°] = [-30°]$$

 $360°$는 덧셈, 뺄셈 할 때 $0$과 같은 역할을 하네요?

맞습니다.

처음 나오는 개념이기 때문에 다시 정리해 드리겠습니다.
각수는 각이 다르면 다른 문자처럼 다룹니다.
[180°]는 '−' 부호로 바꾼 후, 계산할 수 있다는 내용도
무척 중요합니다.
수식이 간단할수록 편하기 때문에 간단하게 할 수 있다면
꼭 계산을 하신 후 사용하세요.

각수에서 '−'(마이너스)를 [180°]로 사용하는 것이 조금은
어색한데 어차피 감소의 의미로 이해해도 되니까 어렵지는
않네요.

각수에 대해서 조금씩 이해가 돼요.

이제 각수에 대한 덧셈, 뺄셈은 다 아셨죠?
그럼 이제는 곱셈에 대해서 이야기 해봅시다.

각수끼리 곱해지면 대괄호 내부에서는 덧셈을 한다고 했던
것이 어렴풋이 기억이 나는데...

맞아요. 이차방정식에서 살짝 언급을 했었죠.

## 8장 각끼리 곱할 수 있나요?

$[30°] \times [20°]$과 같은 형태의 대괄호 간의 곱셈이 발생했을 때, 어떻게 계산이 되는지 아래의 설명을 봅시다.

수직선 위에 $2[20°] + [50°]$를 그릴 수 있을까요?
잠깐 앞으로 '각수를 수직선 위에 그린다.'는 말은 수직선을 $0°$로 생각하고, 주어진 각의 크기에 맞춰서 대괄호 앞의 크기만큼 그린다는 것을 의미합니다.

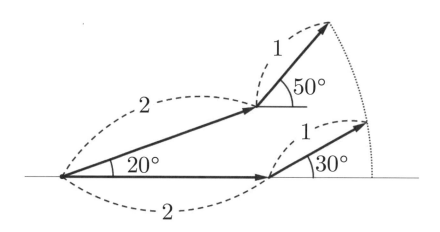

먼저 $20°$의 각으로 2만큼 간 다음 $50°$의 각으로 1만큼 가도록 그려봅시다.
그리고 또 다른 각수를 하나 그려볼까요?
$2 + [30°]$를 그려봅니다.

자, 그림에서 어떤 사실을 알 수 있죠?

《- 138 -》

$1 + [30°]$를 $20°$ 회전시키면 $[20°] + [50°]$의 각수네요.

여기서 $1 + [30°]$는 $[20°] + [50°]$와 $20°$의 차이만 날 뿐 나머지는 모두 같네요.

혹시 $1 + [30°]$에 $[20°]$를 곱해줘서 $[20°] + [50°]$가 되는 건가요?

 하하! 유미의 추론은 정확하네요.

 $[20°](1 + [30°])$를 전개한 $[20°] + [20°][30°]$와 $[20°] + [50°]$는 같아야 하기 때문에 $[20°][30°]$는 $[50°]$와 같습니다.

결론적으로 **대괄호 연산자의 곱셈에서는 그 안의 각도끼리는 덧셈**을 하는 것과 같군요.

 역시 우성이도 잘 파악하고 있군요.

맞습니다. 각수의 각끼리 곱하는 경우에는 간단히 대괄호 연산자 내부의 각도끼리 더해주면 됩니다.

좌표평면상에서 각들끼리의 합에 대한 증명은 고등학교 때 배우는 점과 직선사이의 거리를 이용하면 쉽게 알 수 있습니다.

부록에 증명과정을 남겨 두겠습니다.

점과 직선사이의 거리를 구할 줄 아신다면 한번 봐두는 것이 도움이 됩니다.

이제 각수의 곱셈을 이용해서 각수에 관한 여러 가지 성질들을 살펴봅시다.

사실 몇 번 쓰다보면 당연해서 공식이랄 것도 없지만 여기서부터는 인수분해의 '**합차의 곱**' 공식을 잘 활용하면 많은 도움이 됩니다.

 $(a+b)(a-b) = a^2 - b^2$ 을 말씀하시는 거죠?

 네.
이제 항이 두 개인 각수의 크기를 구해보도록 합시다.
여기서부터는 실제로 자와 각도기를 사용해서 실제로 그려 보면서 공부를 하면 각수에 대해서 훨씬 빠르게 이해를 하실 수 있을 겁니다.

$1 + 2[30°]$에서 앞에 있는 1에는 어떤 각도가 곱해져 있을까요?

 $[0°]$요.

 잘했어요.
또 여기서 주의해야 할 점은 대괄호 내의 각도 자체는 일 반적인 수의 의미와는 개념이 다른 양이라는 것입니다.
따라서 대괄호 안에서만 사용이 가능합니다.

수식에서 각도를 사용할 때는 대괄호 연산자를 반드시 사용하셔야 합니다.

 $1+2[30°]$ 식을 그림으로 그려보겠습니다.
여기서 단위는 ㎝로 하겠습니다.

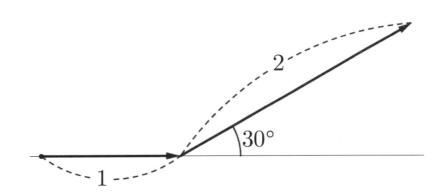

자, 원점에서 최종점까지의 거리를 측정해보면 어느 정도의 값이 나오나요?
책에 있는 그림으로 측정하지 마시고 직접 그리시고 측정하셔서 말씀해 보세요.

 2.9㎝정도 나오네요.

 각도는 얼마 정도 나오나요?

 20.1°정도 나옵니다.

이 각수는 $2.9[20.1°]$라고 쓰고 $2.9$는 이 각수의 크기가 되고 $20.1°$는 이 각수의 각이 됩니다.

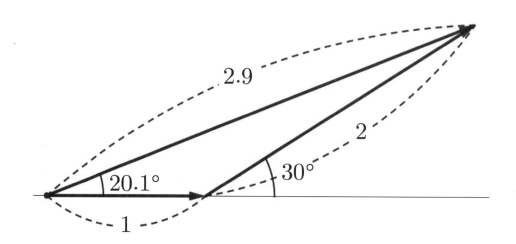

자. 이번에는 $1+2[30°]$의 각수를 제곱을 해보겠습니다.

$$(1+2[30°])^2 = 1+4[30°]+4[30°][30°]$$

$$= 1+4[30°]+4[60°]$$

모눈종이가 있으면 좋겠죠?
$1+4[30°]+4[60°]$를 그려봅시다.

최종점까지의 길이와 각도를 측정해볼까요?

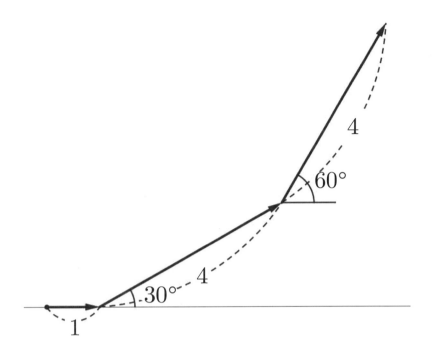

 길이는 8.46㎝이고요. 각도는 40.2°가 나옵니다.

어라? 길이는 2.9㎝를 제곱한 거랑 비슷하고 각도는 2배한 것이 나오네요?

결과적으로 2.9[20.1°]의 크기를 제곱한 것과 원래의 각을 2배한 것이 나온다고 할 수 있겠네요.

 정말 신기하네요.

측정한 것이 약간의 오차는 있겠지만 정확히 측정했다면…

길이도 분명히 제곱을 한 것과 같겠네요!

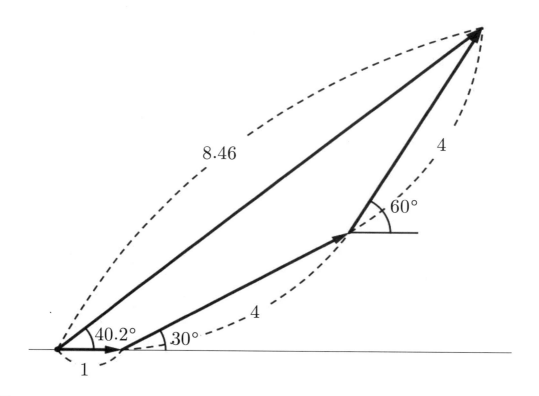

 맞습니다. 각수의 크기는 곱셈의 결과에서도 최종점까지의 거리를 나타내고 있음을 보여주는 결과죠.
그리고 대괄호 연산자에 있는 **각도의 곱은 덧셈**이란 것을 보여주고 있습니다.

위의 계산에서도 각수는 단순히 수라는 것을 보여주고 있습니다.

여기에서 각수에 화살표를 쓰고 있습니다.
하지만 이것은 방향의 의미가 아니라 각수 값의 증가를 나타냅니다.

 **그래프에서 화살표는 방향이 아니다.** 기억해 두겠습니다.

이번에는 $2+3[60°]$와 $2+3[-60°]$를 그려봅시다.

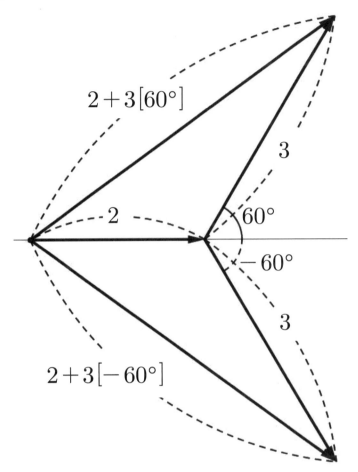

여기서 두 수를 측정해보면 크기는 같고 각도의 부호만 다를 뿐입니다.

두 수를 곱하게 되면 크기는 각각의 크기를 곱한 값이 나옵니다. 각도는 $0°$가 나와야겠죠?

자! 이제 곱셈을 해봅시다.

$(2+3[60°])(2+3[-60°]) = 13+6[60°]+6[-60°]$

가 나와요. 어라? 여전히 각도가 있는데요?

왜 이렇게 되는 거지?

 하하, $13+6[60°]+6[-60°]$의 그림을 그려보세요.

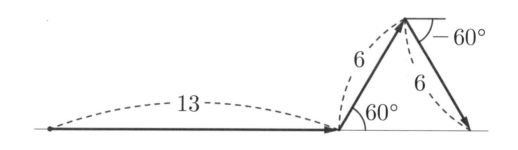

 어? 최종점이 $0°$의 직선 위에 있어요.

크기는? 또 측정을 해봐야겠네요.

 아니요. 여기에서는 합차의 곱에 의해서 나온 식의 결과가 $0°$의 직선 위에 있는 것을 확인하기 위한 것이기 때문에 측정은 하지 않으셔도 될 거 같습니다.

 이제 각수라는 것을 확실히 알게 되었습니다.

각수에서 덧셈, 뺄셈, 곱셈이 정확하게 적용되고 있다는 것을 직접 그려서 확인해 볼 수도 있고요.

우리는 지금까지 대부분 각이 $0°$와 $180°$일 때의 수를 사용했었던 거군요.

그렇다면 이제부터 모든 각수를 $[0°]$와 $[90°]$를 이용해 나타내 보겠습니다.

 모든 각수를 $[0°]$와 $[90°]$만을 이용해 나타낸다고요?

 네, 일반 교육 과정에서는 $i$라는 기호를 허수라는 이름으로 사용하고 있는데요.

여러분들은 각수를 정확히 이해함으로써 $i$는 허수가 아니라 (크기와 방향을 가진) 벡터라는 물리량을 가진 수라는 것을 알았으면 좋겠습니다.

그리고 각수 공간에서는 $[90°]$라는 각수 대신에 $i$라는 기호를 사용하기로 해요. 대괄호를 사용하지 않아도 되는 장점이 있으니까요.

추가적으로
각수를 사용하여 식을 만들었을 경우에는 등식의 성질이 하나 더 추가 됩니다.

## ※ 5번째 등식의 성질
등식에서 **모든 각의 부호를 바꾸어도** 등식은 **성립**한다.
(이 성질은 삼차원에서의 거리를 구할 때도 쓰입니다.)
**ex)** $l[\theta] + k = m[\alpha] + n[\beta]$
$\rightarrow l[-\theta] + k = m[-\alpha] + n[-\beta]$

크기가 $l$이고 각도가 $\theta$인 각수가 아래 그림처럼 있다고 합시다.

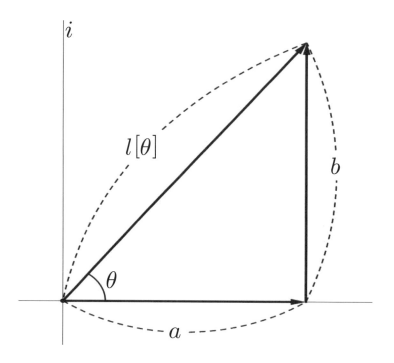

$l[\theta] = a + bi$라고 쓸 수 있습니다.

여기서 $a$는 원점으로부터의 거리를 나타내는 값으로, '+', '−'에 해당하는 두 개의 각도 값($[0°]$, $[180°]$ : 실수)을 가진다는 것을 기억하세요.

$b$도 역시 원점에서 수직으로의 거리를 나타내기 때문에 $a$처럼 $[0°]$, $[180°]$로 바뀔 수 있는 '+', '−'의 부호를 사용하여 나타낼 수 있습니다.

꼭!!! 기억하셔야 합니다.

그러니까, $b$라는 숫자에는 $[0°]$, $[180°]$ (=실수)의 각수 이외에는 사용할 수 없다는 거죠?

 네. 맞습니다.

각수를 평면상에 표시할 때는 **각수에 나타나 있는 각으로 각수의 크기(scalar)만큼 증가를 나타내기** 때문에 화살표로 표시해 주는 것이 좋아요.

각수의 화살표는 벡터의 방향 표시와는 다릅니다.
각수 형식의 그래프는 이차원 벡터 공간에서도 비슷하게 사용이 되기 때문에 한 평면에서 사용하는 벡터는 각수와 닮은 부분이 많습니다.
주의할 점은 곱셈에서 회전하는 양을 결정하는 **회전각을 가진 한 개의 벡터**가 각수라는 것입니다.

자! 이제, 본론으로 돌아와서…
$l[\theta] = a + bi$라는 각수가 있을 때,
$l$을 $a$와 $b$를 이용해서 나타낼 수 있답니다.

 정말요?
$l$은 순수하게 크기만을 나타내는 수인데 그게 가능한가요?

 네! 자 한번 보시죠.

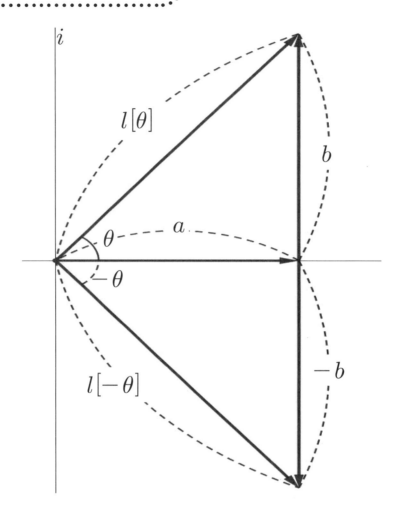

 $l[-\theta] = a + b[270°] = a + b[180°][90°]$처럼 쓸 수 있 겠죠? $[180°]$는 '$-$'로, $[90°]$는 $i$로 바꿔서 다시 쓰면 $l[-\theta] = a - bi$가 됩니다.

여기서 $a + bi$와 $a - bi$는 크기가 모두 $l$입니다.

그리고 두 각수를 곱한 식은 $(a + bi)(a - bi) = l^2$이 됩니다. 각도끼리 더하면 $0°$가 되어버리니까요.

다시 정리하면,

$a^2 + abi - abi - b^2[180°] = l^2$

'$-$' 부호는 $[180°]$를 의미하니까 $-[180°]$는 $[360°]$가

되고 $[0°]$와 같기 때문에 굳이 쓸 필요가 없고요.

결국 $l^2 = a^2 + b^2$ 이 되고

$l = \pm\sqrt{a^2 + b^2}$ 이 됩니다.

여기서 $l$은 순수하게 크기만을 나타내기 때문에

제곱근 기호 앞에 $[180°]$를 나타내는 '$-$'부호는 쓰지 않

습니다.

$l = \sqrt{a^2 + b^2}$ 이 됩니다.

그리고 이것은 중학교 3학년 쯤 피타고라스 정리를 배우게

되는데 그것과 같은 내용입니다.

그러니까 $i$-각수공간에서 각이 $[0°]$인 각수의 크기($a$)와

$[90°]$의 각을 나태내는 각수 $i$의 크기($b$)만 알면 계산기를

이용해서 항이 하나인 각수($l[\theta]$)를 구할 수 있겠군요.

그렇죠!

모든 $[\theta]$를 '$[0°]$, $[180°]$와 $i$, $-i$'의 네 가지 **각수**만을

사용하여 나타낼 수 있습니다.

정말요?

네! 등식의 성질을 이용하면 간단합니다.

양변을 $l$로 나눠줍니다.

그리고 $l$ 대신 $\sqrt{a^2+b^2}$ 를 사용하여 나타내면

$$[\theta] = \frac{a}{\sqrt{a^2+b^2}} + \frac{bi}{\sqrt{a^2+b^2}}$$ 처럼 쓸 수 있습니다.

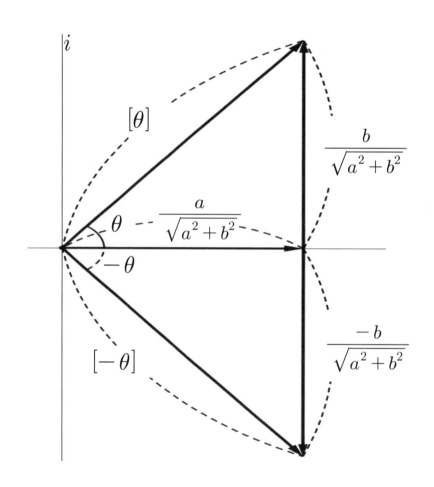

앞으로 $[\theta] = \dfrac{a}{\sqrt{a^2+b^2}} + \dfrac{bi}{\sqrt{a^2+b^2}}$ 에서

$\dfrac{a}{\sqrt{a^2+b^2}}$ 는 $\cos\theta$ 로 $\dfrac{b}{\sqrt{a^2+b^2}}$ 는 $\sin\theta$ 로

쓰기로 하겠습니다.

다시 정리하면
$[\theta] = \cos\theta + i\sin\theta$ 가 됩니다.

크기가 1인 각수 $[\theta]$ 에 대한 상수항의 값은 $\cos\theta$, $i$ 의 계수는 $\sin\theta$ 로, 각 $\theta$ 의 값이 달라지면 $[\theta]$ 의 상수항의 값인 $\cos\theta$ 와 $i$ 의 계수인 $\sin\theta$ 는 각에 따라 일반적으로 다른 값을 가집니다.

다시 말해서,
기본 각수의 각이 달라지면
그 각에 대한 $\cos$값과 $\sin$값은 일반적으로 다른 실수로 나타납니다.

다음의 세 각수의 합은 얼마인가요?

 원점으로 돌아왔으니까 0이네요.

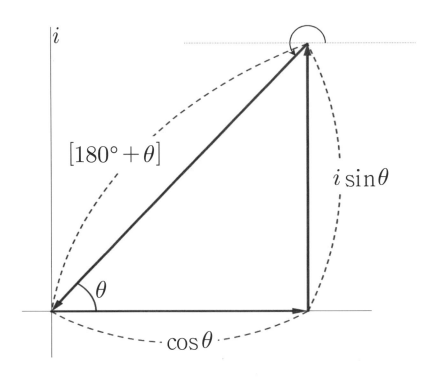

 맞습니다.
중학교 교육과정에서 기하에 관한 기초 내용을 배울 때
동위각, 엇각이란 것을 배웁니다.
그것을 모르더라도 원점으로 향하는 각수의 각이
$[180° + \theta]$ 라는 것을 알 수 있습니다.

그럼 위의 각수들을 정리해 봅시다.
$\cos\theta + i\sin\theta + [180° + \theta] = 0$처럼 되겠죠?

[180°]를 '－'부호로 바꾼 후 등식의 성질을 이용하면
$[\theta] = \cos\theta + i\sin\theta$가 되는 것도 알고 계시면 좋습니다.

모든 각수들의 합이 0이 될 때 그래프로 각수들을 그려보면 최종점이 원점에 도달하게 됩니다.

 이제 각수의 크기가 1일 때
사용하는 $\cos\theta$와 $\sin\theta$의 특징을 알아봅시다.

일단, 가장 기본적인 각들에 대한 $\cos$과 $\sin$값들을 알아보기로 해요.
$\theta$가 0°일 때,
$\cos 0°$와 $\sin 0°$는 얼마일까요?

 $[0°] = 1 = \cos 0° + i\sin 0°$에서 등식이 성립해야 하니까
$\cos 0° = 1$, $\sin 0° = 0$가 됩니다.

 오우! 그러면 $\theta$가 90°일 때는요?

 $[90°] = i = \cos 90° + i\sin 90°$ 에서 등식이
성립하려면 $\cos 90° = 0$, $\sin 90° = 1$가 돼요.

$[\theta] = \cos\theta + i\sin\theta$ 는 **가장 기본적인 식**입니다.

이 식으로부터 많은 성질들을 유도 할 수 있기 때문에 잘 기억해 두셔야만 합니다.

일단은 $[\theta]$의 크기는 1이니까

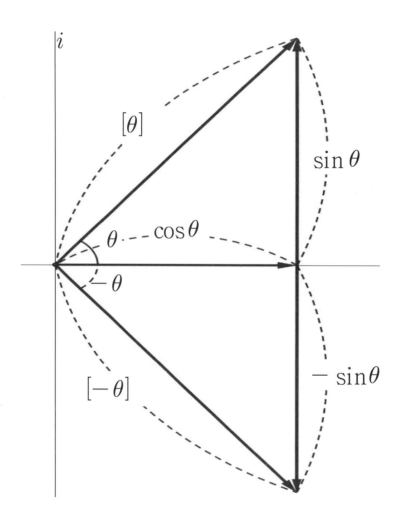

$[-\theta] = \cos\theta - i\sin\theta$ 를 기본식의 양변에 곱하면

$1 = \cos^2\theta + \sin^2\theta$ 이 나옵니다.

$[\theta] = \cos\theta + i\sin\theta$에서

왜 $\theta$자리에 $-\theta$를 넣어도 되나요?

말씀드리겠습니다.

숫자만을 사용한 식과는 달리 문자를 사용하게 되면 그 문자의 자리에 '어떤 숫자나 다른 문자'를 사용할 수 있다는 것을 나타냅니다.

$(2+3)(2-3) = 2^2 - 3^2$,    $(a+b)(a-b) = a^2 - b^2$의 두 항등식(항상 성립하는 등식)이 있다고 합시다.

숫자를 사용한 식은 주어진 숫자 이외의 다른 숫자를 사용할 수 있다는 정보가 없지만, 문자를 사용한 식에는 '어떤 숫자, 문자, 그리고 식'을 넣어도 등식이 성립한다는 정보를 제공하고 있습니다.

따라서 문자를 사용한 항등식은 그 문자에 어떤 형태의 식이라도 대신 넣을 수 있습니다.

하지만 주어진 식에 있는 '모든 같은 문자'에 동시에 '같은 값 또는 식'을 대입해 주어야 합니다.

예) $x^2 - 3x + 1$의 식에 $x$대신 $a+1$을 대입한다고 하면 $(a+1)^2 - 3(a+1) + 1$처럼 변경되어야 합니다.

자! 다시 본론으로 돌아와서.

$[-\theta]$가 $[360° - \theta]$인거는 아시죠?

$[360°]$가 생략된 값이라고 생각하시고

그대로 넣어주시면 돼요.

$[-\theta] = \cos(-\theta) + i\sin(-\theta)$ 는

그래프에서 보았듯이 $[-\theta] = \cos\theta - i\sin\theta$ 로

표현가능하기 때문에

$\cos(-\theta) = \cos\theta$, $\sin(-\theta) = -\sin\theta$ 가 됩니다.

 지금까지 각수의 성질을 사용하여 $\cos$ 과 $\sin$ 의 기본적인
특징을 알아보고 있는데요.
모두 기억해 두어야 할 특징들이지만
모두 기억한다는 것은 힘들 수도 있습니다.
그래서 기본식의 정의를 잘 기억해 두시고서
직접 과정을 유도해 보면서 조금만 익히면
굳이 외우지 않아도 쉽게 각각의 특징들을 알 수 있어요.

지금부터 좀 더 많은 특징들을 알아보도록 합시다.

다음 식으로 알 수 있는 사실은 뭘까요?

$$[90° + \theta] = \cos(90° + \theta) + i\sin(90° + \theta)$$

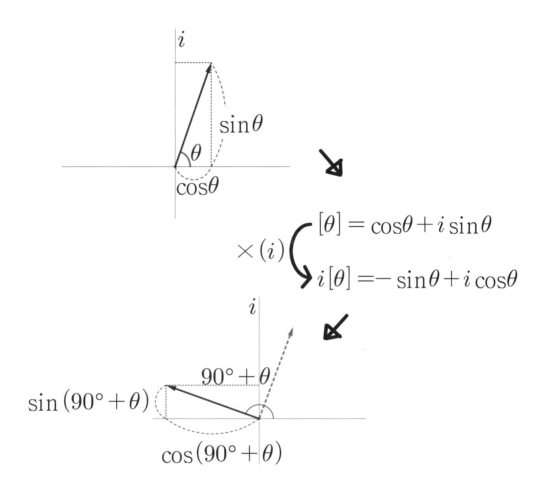

$[\theta] = \cos\theta + i\sin\theta$

$\times(i)$

$i[\theta] = -\sin\theta + i\cos\theta$

$\sin(90° + \theta)$

$\cos(90° + \theta)$

 $[\theta] = \cos\theta + i\sin\theta$ 의 양변에 $i$를 곱하면

$i[\theta] = i\cos\theta + i^2\sin\theta$이 돼요. $(i = [90°])$

왼쪽은 $[90° + \theta]$가 되고요,

오른쪽을 정리하면 $i\cos\theta - \sin\theta$ 이 돼요.

따라서
$[90° + \theta] = i\cos\theta - \sin\theta$ 가 되는 거죠.
$[90° + \theta] = \cos(90° + \theta) + i\sin(90° + \theta)$와 같은 식
이기 때문에...

$$\times(i) \begin{cases} [\theta] = \cos\theta + i\sin\theta \\ i[\theta] = -\sin\theta + i\cos\theta \end{cases}$$

$$\Downarrow$$

$$[90° + \theta] = \cos(90° + \theta) + i\sin(90° + \theta)$$

$\cos(90° + \theta) = -\sin\theta$ 가 되고,
$\sin(90° + \theta) = \cos\theta$ 가 되는 거죠.

오! 대단하네요.
$[180° + \theta] = \cos(180° + \theta) + i\sin(180° + \theta)$을 이용
하면 어떤 내용을 알 수 있죠?

너무 쉬워요.
기본식의 양변에 '−'를 곱하면 되잖아요.

$$\times(-1)\begin{cases} [\theta] = \cos\theta + i\sin\theta \\ \\ -[\theta] = -\cos\theta - i\sin\theta \end{cases}$$

$$\Downarrow$$

$$[180° + \theta] = \cos(180° + \theta) + i\sin(180° + \theta)$$

$\cos(180° + \theta) = -\cos\theta$ 이고

$\sin(180° + \theta) = -\sin\theta$ 입니다.

 다음은 제가 해볼게요.
$[270° + \theta] = \cos(270° + \theta) + i\sin(270° + \theta)$는
기본식의 양변에 $-i$를 곱해준 것과 같기 때문에...

$$\times(-i)\begin{cases} [\theta] = \cos\theta + i\sin\theta \\ \\ -i[\theta] = \sin\theta - i\cos\theta \end{cases}$$

$$\Downarrow$$

$$[270° + \theta] = \cos(270° + \theta) + i\sin(270° + \theta)$$

$\cos(270° + \theta) = \sin\theta$ 이고

$\sin(270° + \theta) = -\cos\theta$ 입니다.

 오! 잘하는데요.
자! 다음을 공부해 봅시다.

다음의 두 식을 이용하면 어떤 내용을 알 수 있죠?

$$[90° - \theta] = \cos(90° - \theta) + i\sin(90° - \theta)$$

$$[-\theta] = \cos\theta - i\sin\theta$$

제가 대답해 보죠.

$[-\theta] = \cos\theta - i\sin\theta$ 의 양변에 $i = [90°]$를 곱하면

$[90° - \theta] = i\cos\theta + \sin\theta$ 이므로

정리해서 비교해 보면

$$\times (i) \begin{cases} [-\theta] = \cos\theta - i\sin\theta \\ \\ i[-\theta] = \sin\theta + i\cos\theta \end{cases}$$

⇩

$$[90° - \theta] = \cos(90° - \theta) + i\sin(90° - \theta)$$

$\cos(90° - \theta) = \sin\theta$ 이고

$\sin(90° - \theta) = \cos\theta$ 가 되는 거죠.

나머지도 같은 방법으로 구해보면

$$\times (-1) \begin{cases} [-\theta] = \cos\theta - i\sin\theta \\ \\ -[-\theta] = -\cos\theta + i\sin\theta \end{cases}$$

⇩

$$[180° - \theta] = \cos(180° - \theta) + i\sin(180° - \theta)$$

$$\cos(180° - \theta) = -\cos\theta$$

$$\sin(180° - \theta) = \sin\theta$$

가 되고,

$$\times(-i) \begin{cases} [-\theta] = \cos\theta - i\sin\theta \\ -i[-\theta] = -\sin\theta - i\cos\theta \end{cases}$$

⬇

$$[270° - \theta] = \cos(270° - \theta) + i\sin(270° - \theta)$$

$$\cos(270° - \theta) = -\sin\theta$$

$$\sin(270° - \theta) = -\cos\theta$$

가 되는 것을 쉽게 알 수 있어요.

다시 말하자면 $[-\theta] = \cos\theta - i\sin\theta$ 식의 양변에 각각 $i$, $-$, $-i$를 곱하면 위의 식들을 쉽게 구할 수 있어요.

 잘하셨어요.

이번에는 대괄호 연산자의 곱을 이용해 더 다양한 등식 관계를 살펴보도록 합시다.

$[\alpha][\beta] = [\alpha + \beta]$는 같은 각수입니다.
$[\theta] = \cos\theta + i\sin\theta$ 식을 이용하면
다음 식은 항상 성립합니다.

$[\alpha] = \cos\alpha + i\sin\alpha$
$[\beta] = \cos\beta + i\sin\beta$

$[\alpha + \beta] = [\alpha][\beta]$
$\cos(\alpha + \beta) + i\sin(\alpha + \beta)$
$= (\cos\alpha + i\sin\alpha)(\cos\beta + i\sin\beta)$

$(\cos\alpha + i\sin\alpha)$

①↓  ②↓  $\longrightarrow$  $\cos\alpha\cos\beta - \sin\alpha\sin\beta$

$(\cos\beta + i\sin\beta)$

$(\cos\alpha + i\sin\alpha)$

③✕④  $\longrightarrow$  $i(\sin\alpha\cos\beta + \cos\alpha\sin\beta)$

$(\cos\beta + i\sin\beta)$

$\cos(\alpha + \beta) = \cos\alpha\cos\beta - \sin\alpha\sin\beta$

$i\sin(\alpha + \beta) = i(\sin\alpha\cos\beta + \cos\alpha\sin\beta)$
$\rightarrow \sin(\alpha + \beta) = \sin\alpha\cos\beta + \cos\alpha\sin\beta$

위 식을 정리하면 $i$-각수공간에서 각수가 $[0°]$인 실수와
$i = [90°]$인 실수가 양변에 나옵니다.

양변에 있는 각수가 $[0°]$인 계수의 합은 같아야 하고, 양변에 있는 각수 $i$인 계수의 합도 같아야 합니다.

그래서 다음 식에서 cos과 sin의 가장 중요한 성질 중의 하나가 등장합니다.

$$\cos(\alpha+\beta)=\cos\alpha\cos\beta-\sin\alpha\sin\beta$$

$$\sin(\alpha+\beta)=\sin\alpha\cos\beta+\cos\alpha\sin\beta$$

 마찬가지로

$[\alpha][-\beta]=[\alpha-\beta]$이기 때문에 등식을 사용하여 나타내면 다음과 같습니다.

$[\alpha]=\cos\alpha+i\sin\alpha$
$[-\beta]=\cos\beta-i\sin\beta$

$[\alpha-\beta]=[\alpha][-\beta]$
$\cos(\alpha-\beta)+i\sin(\alpha-\beta)$
$=(\cos\alpha+i\sin\alpha)(\cos\beta-i\sin\beta)$

$(\cos\alpha+i\sin\alpha)$

①↓    ②↓    ⟶    $\cos\alpha\cos\beta+\sin\alpha\sin\beta$

$(\cos\beta-i\sin\beta)$

$(\cos\alpha+i\sin\alpha)$

③ ④    ⟶    $i(\sin\alpha\cos\beta-\cos\alpha\sin\beta)$

$(\cos\beta-i\sin\beta)$

$$\cos(\alpha - \beta) = \cos\alpha\cos\beta + \sin\alpha\sin\beta$$

$$i\sin(\alpha - \beta) = i(\sin\alpha\cos\beta - \cos\alpha\sin\beta)$$
$$\rightarrow \sin(\alpha - \beta) = \sin\alpha\cos\beta - \cos\alpha\sin\beta$$

정리를 하면
$$\cos(\alpha - \beta) = \cos\alpha\cos\beta + \sin\alpha\sin\beta$$

$$\sin(\alpha - \beta) = \sin\alpha\cos\beta - \cos\alpha\sin\beta$$

처럼 됩니다.

암기하기 어려운 공식을 간단하게 이해해 볼까요?
기본적으로 아래 식들을 이용할 겁니다.

$$\sin(\alpha + \beta) = \sin\alpha\cos\beta + \cos\alpha\sin\beta \quad \cdots\cdots\text{①}$$
$$\sin(\alpha - \beta) = \sin\alpha\cos\beta - \cos\alpha\sin\beta \quad \cdots\cdots\text{②}$$
$$\cos(\alpha + \beta) = \cos\alpha\cos\beta - \sin\alpha\sin\beta \quad \cdots\cdots\text{③}$$
$$\cos(\alpha - \beta) = \cos\alpha\cos\beta + \sin\alpha\sin\beta \quad \cdots\cdots\text{④}$$

①식과 ②식을 더하면
사라지는 부분과 남는 부분이 있죠?

 네, 부호가 다른 $\cos\alpha\sin\beta$의 항이 사라져요.

 그걸 이용하는 겁니다.

집중! $A = \dfrac{A+B}{2} + \dfrac{A-B}{2}$ 라고 할 수 있죠?

마찬가지로 $B = \dfrac{A+B}{2} - \dfrac{A-B}{2}$ 로 둘 수 있습니다.

이런 사실을 알고서 아래 식을 한번 보세요.

$$\cos A + \cos B$$

어떤 생각이 떠오르나요?

음... $A$자리에 $\dfrac{A+B}{2}+\dfrac{A-B}{2}$ 그리고 $B$자리에

$B=\dfrac{A+B}{2}-\dfrac{A-B}{2}$를 넣으면,

아하! ①식과 ②식의 부호가 다른 항

$\cos\left(\dfrac{A+B}{2}\right)\sin\left(\dfrac{A-B}{2}\right)$는 사라지고

부호가 같은 항이 남으니까

$2\sin\left(\dfrac{A+B}{2}\right)\cos\left(\dfrac{A-B}{2}\right)$가 되네요!

오우! 신기해요.

 $\alpha$ 대신 $\dfrac{A+B}{2}$가 $\beta$ 대신 $\dfrac{A-B}{2}$가 들어갔네요?

 맞아요.

이번엔 ①식에서 ②식을 **빼** 봅니다.

$\sin\left(\dfrac{A+B}{2}\right)\cos\left(\dfrac{A-B}{2}\right)$항이 사라지는군요.

그리고 뒤의 항만 남으니까

$2\cos\left(\dfrac{A+B}{2}\right)\sin\left(\dfrac{A-B}{2}\right)$가 됩니다.

잘하셨습니다.

$$\cos(\alpha+\beta) = \cos\alpha\cos\beta - \sin\alpha\sin\beta \quad \cdots\cdots ③$$
$$\cos(\alpha-\beta) = \cos\alpha\cos\beta + \sin\alpha\sin\beta \quad \cdots\cdots ④$$

③식과 ④식을 더해보시죠.

마찬가지로 뒤의 항은 사라지는군요.

그러면 $\cos A + \cos B$ 는

$2\cos(\dfrac{A+B}{2})\cos(\dfrac{A-B}{2})$ 가 되겠네요.

흠! 이번에도 잘하셨어요.
③식에서 ④식을 빼면 어떻게 될까요?

음... $\cos A - \cos B$ 에서 $\cos(\dfrac{A+B}{2})\cos(\dfrac{A-B}{2})$ 가

사라지는데 음수 형태로 뒤쪽의 항이 남게 되니까

$-2\sin(\dfrac{A+B}{2})\sin(\dfrac{A-B}{2})$ 가 됩니다.

오! 부호처리를 잘하셨네요.

흠! ④식에서 ③식을 빼면 '−'부호를 안 써도 되는 거 아닌가요?

그렇죠! 하지만 '−'부호를 사용한 식이 더 편하게 받아들여지고 실제로 더 유용한 편입니다.

 아! 그렇군요.

 자! 지금까지 배운 것을 정리해 보겠습니다.

$$\sin A + \sin B = 2\sin\left(\frac{A+B}{2}\right)\cos\left(\frac{A-B}{2}\right)$$

$$\sin A - \sin B = 2\cos\left(\frac{A+B}{2}\right)\sin\left(\frac{A-B}{2}\right)$$

$$\cos A + \cos B = 2\cos\left(\frac{A+B}{2}\right)\cos\left(\frac{A-B}{2}\right)$$

$$\cos A - \cos B = -2\sin\left(\frac{A+B}{2}\right)\sin\left(\frac{A-B}{2}\right)$$

 이거는 외우지 않아도 그냥 알게 되는군요.

 하지만 직접 써보면서 몇 번은 연습하셔야 해요.

 넵! 알겠습니다.

자! 다음의 등식도 이해할 수 있을까요?
$$[n\theta] = \cos(n\theta) + i\sin(n\theta) \quad (n\text{은 실수})$$

 음.. 왼쪽 식은 $\theta$가 $n$개 있으니까,
$$[\theta + \theta + \cdots + \theta] = [\theta][\theta] \cdots [\theta] = [\theta]^n$$
$[\theta] = \cos\theta + i\sin\theta$이니까
$\cos\theta + i\sin\theta$를 $n$번 곱하면 되겠네요?

 맞아요.

 그러니까 $(\cos\theta + i\sin\theta)^n$은
$\cos(n\theta) + i\sin(n\theta)$와 같은 식이 되겠네요.

 맞습니다.
생각해내지 못할 거라 생각했는데…
잘하는군요.

 $$(\cos\theta + i\sin\theta)^n = \cos(n\theta) + i\sin(n\theta)$$
신기하네요.
아무리 많이 곱한다고 해도 저렇게 단순하게 나오다니…

자! sin과 cos은 일반적인 생활 속에서 자주 볼 수 있는 수는 아니지만 생활 속 감춰진 곳에서는 결코 빠지지 않고 등장하는 수입니다.

그래서 지금까지 학습했던 성질들을 잘 파악하고 있다면 어떤 상황에서도 요긴하게 사용할 수 있답니다.

그러니까 굳이 이것들을 기억하려고 하지 마시고, 종이와 펜을 준비하여 각수의 성질을 살짝 떠올리면서 정리하다 보면 쉽게 익숙해질 수 있습니다.

각수의 기본 성질만 알면 과정이 그렇게 어렵지 않기 때문에 쉽게 유도할 수 있어요.

사실 처음 본 거라서 조금 당황했지만, 그냥 각수 아니 그냥 수일뿐이더군요.

그렇죠.

이제 $\theta$가 특수한 각도일 때 어떤 값을 가지는지 알아보도록 합시다.

0°, 90°일 때는 이미 했으니까

30°, 45°, 60°와 같은 특수한 각을 가질 때, sin과 cos 값들을 구해보도록 합시다.

먼저 한 변의 길이가 2인 정삼각형을 다음처럼 그린 후에 각수로 표현해 봅시다.

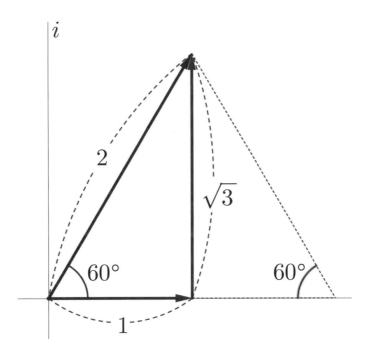

$2[60°] = 1 + \sqrt{3}\, i$ 처럼 식을 세울 수 있습니다.

양변을 2로 나누면,

$[60°] = \dfrac{1 + \sqrt{3}\, i}{2} = \dfrac{1}{2} + \dfrac{\sqrt{3}}{2} i$ 처럼 변형하면?

 $\cos 60° = \dfrac{1}{2}$ , $\sin 60° = \dfrac{\sqrt{3}}{2}$ 이 되겠네요.

 네! 그렇습니다.

자! 다음 그림을 분석해 봅시다.

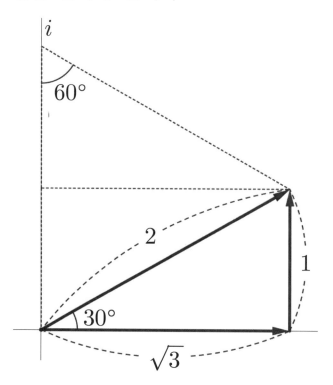

$2[30°] = \sqrt{3} + i$ 처럼 식을 세우고,
양변을 2로 나누면,

$$[30°] = \frac{\sqrt{3}+i}{2} = \frac{\sqrt{3}}{2} + \frac{1}{2}i \text{ 가 됩니다.}$$

 $\boxed{\cos 30° = \dfrac{\sqrt{3}}{2}}$ , $\boxed{\sin 30° = \dfrac{1}{2}}$ 이 되네요.

 잘하시는군요.

이번에는 $45°$에 대한 값을 위한 그림입니다.

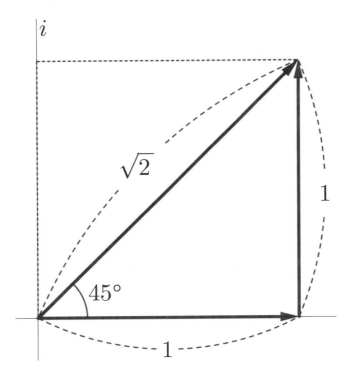

마찬가지로

$\sqrt{2}\,[45°] = 1 + i$ 입니다.

$[45°] = \dfrac{1+i}{\sqrt{2}} = \dfrac{\sqrt{2} + \sqrt{2}\,i}{2} = \dfrac{\sqrt{2}}{2} + \dfrac{\sqrt{2}}{2}\,i$ 처럼 분

자분모에 $\sqrt{2}$ 를 곱하여 분모의 유리화까지 해줍니다.

 $\boxed{\cos 45° = \dfrac{\sqrt{2}}{2}}$ , $\boxed{\sin 45° = \dfrac{\sqrt{2}}{2}}$ 이 되겠네요.

직접 그려 보시면서 익히시면
각도만 슬쩍 생각해도 각각의 값들이 한꺼번에 해결돼요.

자! 연습 삼아서 한번 물어볼까요?

$\cos 300°$는 얼마일까요?

 $[30°] = \cos 30° + i \sin 30°$이니까,
양변에 $-i = [270°]$를 곱하면,
$-i[30°] = -i \cos 30° + \sin 30°$
$[300°] = \sin 30° - i \cos 30°$

이때 $[300°] = \cos 300° + i \sin 300°$에서 실수부분이 같으려면 실수부분인 $\cos 300°$와 $\sin 30°$는 같습니다. 그러므로 정답은 $\dfrac{1}{2}$입니다.

 오! 맞습니다.
계속 연습하시면 정말 쉬워집니다.

이차방정식의 해가 실근이 아닐 때의 수를 각수로 표현하면 이차방정식이 조금 간결해집니다.

$x^2 - 2x + 4 = 0$을 변형한 $(x-1)^2 = -3$ 인 경우를 보겠습니다.

$x - 1 = \pm \sqrt{3}\, i$이고 $x = 1 \pm \sqrt{3}\, i$이 됩니다.

이때 $x = 2(\dfrac{1}{2} \pm \dfrac{\sqrt{3}}{2} i) = 2(\cos 60° \pm i \sin 60°)$이고

여기서 $x = 2[\pm 60°]$가 됩니다.

각수를 그대로 원래의 식에 넣어 보겠습니다.

$(2[\pm 60°])^2 - 2 \times 2[\pm 60°] + 4 = 0$

계산 결과는 등식의 성질을 만족합니다.

각수는 각수공간에 실제로 그려지고 사용되는 수라는 것을 인식했으면 좋겠습니다.

이 책에서 전반적으로 하고 있는 이야기는
상상의 수로 취급받는 허수가 사실은 회전각을 가지고 있는 벡터로써 구체적인 물리량이라는 겁니다.

$i$를 벡터로 이해하면 공간을 훨씬 쉽게 이해하게 됩니다.

음... 흥미롭네요.

이번에는 "**제 2 코사인법칙**"이라는 것을 공부하겠습니다.

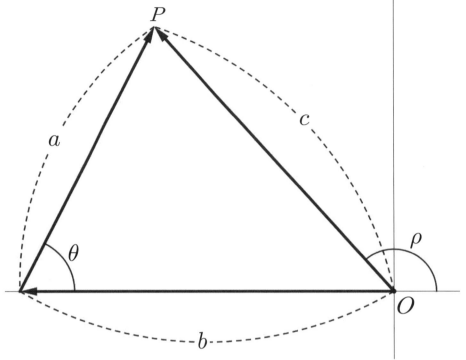

그림에서 점 $P$에 대하여 식을 세우면 다음과 같습니다.

$$c[\rho] = -b + a[\theta]$$

그리고 여기서 $c$의 길이를 구하기 위해서
위 식의 양변에 **5번째 등식의 성질**을 이용하여
양변에 모든 각수의 부호를 바꾸어 줍니다.

$$c[-\rho] = -b + a[-\theta]$$

 몇 번 해봤던 방식이라 쉽네요.

$$c[\rho]c[-\rho] =$$
$$c^2[0°] = (-b + a[\theta])(-b + a[-\theta])$$

$$= a^2 + b^2 - ab[\theta] - ab[-\theta]$$
$$= a^2 + b^2 - ab(\cos\theta + i\sin\theta + \cos\theta - i\sin\theta)$$
$$= a^2 + b^2 - 2ab\cos\theta.$$

그래서 $c^2 = a^2 + b^2 - 2ab\cos\theta$ 가 됩니다.

이렇게 하는 거 맞죠?

네! 정답입니다.

음... 그런데 제 2 cosine법칙은 언제 사용하나요?

위 그림에서처럼 두 변과 사잇각을 알 때 나머지 한 변의 길이를 구하기 위하여 주로 사용합니다.

이렇게 제 2 cosine법칙은 이차원에서도 유용하지만 삼차원에서 세 변의 길이가 주어지고 각 벡터들의 사잇각을 구할 때 꼭 필요하기 때문에 반드시 알아두어야 합니다.

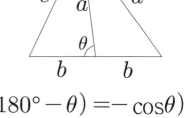

* 파푸스 중선 정리

$$c^2 = a^2 + b^2 - 2ab\cos\theta$$

$$d^2 = a^2 + b^2 + 2ab\cos\theta \ (\because \cos(180° - \theta) = -\cos\theta)$$

$$\therefore c^2 + d^2 = 2(a^2 + b^2)$$

* 스튜어트의 정리

$$a^2 = d^2 + m^2 - 2md\cos\theta$$
$$b^2 = d^2 + n^2 + 2nd\cos\theta$$

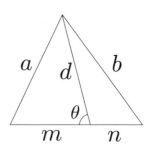

$$na^2 = nd^2 + nm^2 - 2mnd\cos\theta$$
$$mb^2 = md^2 + mn^2 + 2mnd\cos\theta$$

$$na^2 + mb^2 = mn^2 + nm^2 + md^2 + nd^2$$

$$na^2 + mb^2 = mn(m+n) + d^2(m+n)$$

$$\therefore na^2 + mb^2 = (m+n)(mn + d^2)$$

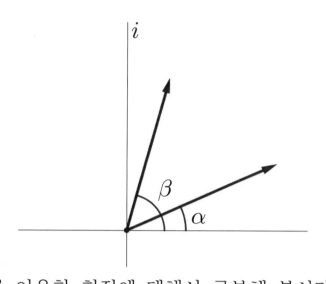

 각수를 이용한 회전에 대해서 공부해 봅시다.
평면상에 임의의 점이 있을 때
그 점을 일정한 각만큼 회전시켜야 할 때가 있습니다.
이차원에서 각수의 곱셈으로 그러한 회전이 가능합니다.

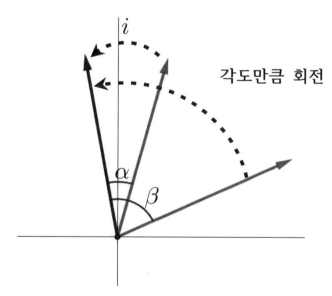

각도만큼 회전

이차원이든 삼차원이든 각수의 곱셈은 회전을 의미합니다.

좌표평면상에서 한 점을 회전시켜 봅시다.

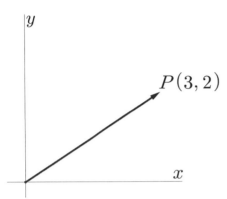

그림처럼 한 점 $P$가 있다고 하면
$3+2i$로 고칠 수 있습니다.
30°를 회전시키고 싶다면
여기에 [30°]를 곱하면 됩니다.

$$(3+2i)[30°] = (3+2i)(\cos 30° + i \sin 30°)$$
$$= (3+2i)(\frac{\sqrt{3}}{2} + \frac{1}{2}i)$$
$$= \frac{3\sqrt{3}}{2} - 1 + (\frac{3}{2} + \sqrt{3})i$$

그러므로 옮겨진 점의 좌표는

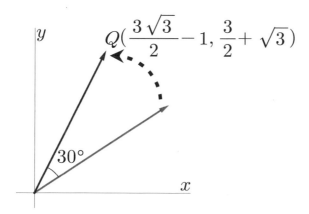

$Q(\dfrac{3\sqrt{3}}{2}-1, \dfrac{3}{2}+\sqrt{3})$가 되고,

그림을 그려보면 다음과 같습니다.

 이렇게 계산하면 끝인가요?
회전이 이렇게 간단해요?

 네! 각수를 곱해주기만 하면 끝나요.

 음... 어려울 줄 알았는데 쉽네요.
각수의 각이 곱셈에서는 **회전각**을 나타내는군요.

# 각수의 활용 : 각수의 내적

 각수 성분의 내적으로 두 각수의 사잇각을 구해봅시다.

각수의 내적은 두 각수의 사잇각을 구하는 과정입니다.

사잇각이 같고
반지름이 1인 두 쌍의 각수가 있다고 합시다.

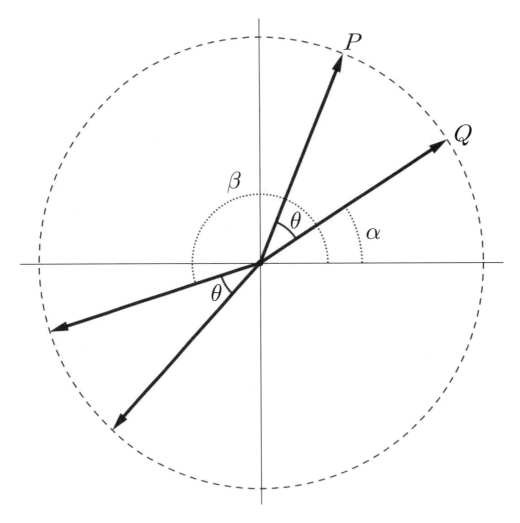

각각의 쌍에 속해있는 각수들의 유사성을 나타내는 값은
사잇각입니다.

사잇각과 성분이 어떤 관계가 있는지 알아봅시다.

이제, $\theta$각을 가진 두 쌍의 벡터 중
첫 번째 쌍의 각각의 성분을 적어보겠습니다.
$P(\cos(\alpha+\theta),\ \sin(\alpha+\theta)),\ Q(\cos\alpha,\ \sin\alpha)$입니다.
여기서 질문! 성분을 이용하여
사잇각을 표현할 수 있는 방법이 있을까요?

 각각의 성분끼리 곱한 다음에 더하면 되지 않을까요?

 오! 우성학생 잘하셨습니다. 맞습니다.
각각의 성분끼리 곱한 다음에 더해 보겠습니다.
$\cos(\alpha+\theta)\cos\alpha+\sin(\alpha+\theta)\sin\alpha$가 됩니다.

그러면 이 결과는 어떤 식과 같을까요?

 $\cos((\alpha+\theta)-\alpha)$하고 같고요.
결국엔 $\cos\theta$만 남습니다.

 맞습니다.
그래서 사잇각의 cosine값은 각각의 성분을 곱한 후에 더
해주면 됩니다.
두 개의 이차원 단위각수처럼,
두 개의 벡터로 이루어진 벡터 평면에 있는
두 개의 단위벡터의 내적을 구하는 방법도 같습니다.

그래서 각수에서 사잇각의 cosine값을 구할 때,

성분끼리 곱한 후 더하는 과정을 '**내적**'이라고 합니다.

다른 쌍의 사잇각도 마찬가지로 나타납니다.
개인적으로 시도해 보기로 합시다.

 다음 내용은 벡터의 관점에서 이야기하고 있습니다.

만약 가로축이 벡터이고 세로축도 벡터일 경우라면 각각의 성분은 각수를 적을 때와 같기 때문에, 평면에 있는 두 벡터가 가지는 사잇각의 cosine값 역시 각수의 내적을 구할 때와 같은 방법으로 구할 수 있습니다.

그리고 벡터의 성분이 더 추가된다 할지라도, 즉 벡터의 차원이 $n$차원으로 커진다 할지라도 각각의 성분끼리의 곱의 합(내적)이 '0'이 된다면, 어떤 차원이든지 두 벡터가 가지는 사잇각의 cosine값은 항상 '0'이 됩니다.

위의 내용은 거리 개념과 제 2 cosine법칙을 이용하면 증명이 가능합니다.

 흠...! 전 각수의 내적만 이해됐어요.

 네네! 지금은 그 정도만 이해하셔도 충분합니다.

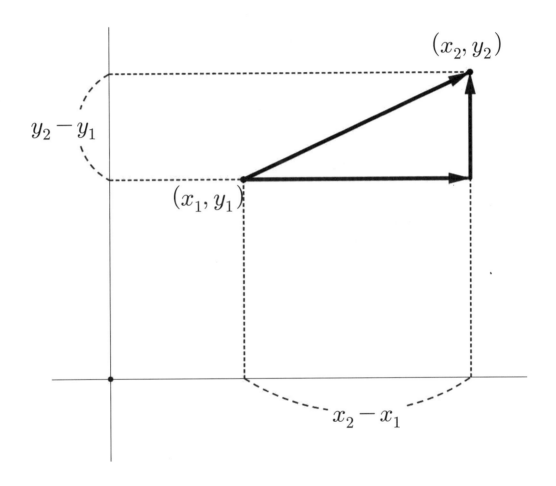

## 각수의 활용 : 거리구하기

임의의 두 각수 $(x_1,\ y_1)$, $(x_2,\ y_2)$간의 거리를
구해보도록 할까요?
평면상에 그려진 두 점의 거리를 구하는 겁니다.

점 $(x_1,\ y_1)$을 원점으로 생각하고서 구하면 됩니다.

제가 해볼게요.

$l[\theta] = (x_2 - x_1) + (y_2 - y_1)i$라고 두면,

$l[-\theta] = (x_2 - x_1) - (y_2 - y_1)i$이 되고요.

$l^2 = (x_2 - x_1)^2 + (y_2 - y_1)^2$가 나오기 때문에

$l = \sqrt{(x_2 - x_1)^2 + (y_2 - y_1)^2}$ 이 됩니다.

오! 잘하셨어요!

사실 평면좌표계는 벡터좌표계라는 거 아실만한 분은 다 알고 계실 겁니다.

평면좌표계에서의 두 점간의 거리를 구할 때, 두 점을 각수 공간에 있는 점으로 생각해서 거리를 구하셔도 됩니다.

이 방법은 $n$차원에 있는 두 점간의 거리를 구할 때도 쓰이기 때문에 알아 두시면 도움이 많이 됩니다.

$n$차방정식에서 각수를 활용하면
쉽게 근을 구할 수 있어요.
그림을 통해서 이해해 보도록 하죠.

먼저 삼차방정식 $x^3 = l[\theta]$가 있다고 하면,

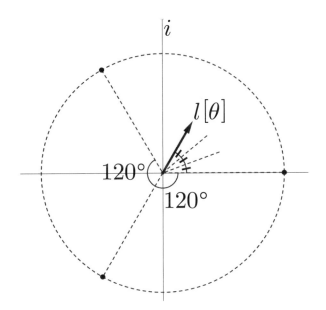

$\sqrt[3]{l}$ 이라는 크기의 수와 $\left[\dfrac{\theta}{3}\right]$의 각수가 생깁니다.

먼저 첫 번째 근은 $\sqrt[3]{l}\left[0° + \dfrac{\theta}{3}\right]$이 됩니다.

그리고 $\sqrt[3]{l}\left[120° + \dfrac{\theta}{3}\right]$, $\sqrt[3]{l}\left[240° + \dfrac{\theta}{3}\right]$가 또 다른

두 개의 근이 되는 거죠.
각수 형태가 아닌 일반 수 형식으로 나타내고 싶다면
$i$를 사용하여 나타내면 되겠죠?

오차방정식 $x^5 = l[\theta]$도 같은 방법으로 해주면

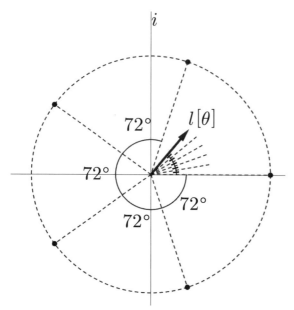

$$\sqrt[5]{l}\left[0° + \frac{\theta}{5}\right], \quad \sqrt[5]{l}\left[72° + \frac{\theta}{5}\right], \quad \sqrt[5]{l}\left[144° + \frac{\theta}{5}\right],$$

$$\sqrt[5]{l}\left[216° + \frac{\theta}{5}\right], \quad \sqrt[5]{l}\left[288° + \frac{\theta}{5}\right] 가 됩니다.$$

$n$차방정식의 식을 위와 같은 형태로 나타낼 수 있다면 간단하게 근을 찾을 수 있습니다.

평면좌표계에서 각수를 이용하여 임의의 점의 좌표를 구해 봅시다.

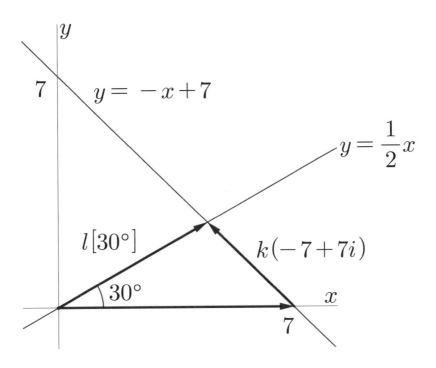

$k(-7+7i)$는 각수 $-7+7i$의 실수배입니다.

위 그림에서 $l[30°]=7+k(-7+7i)$입니다.

각수를 풀어서 써보면

$l(\cos 30° + i \sin 30°) = 7 + k(-7+7i)$ 가 되고

$l(\dfrac{\sqrt{3}}{2} + \dfrac{1}{2}i) = 7 + k(-7+7i)$처럼 됩니다.

등식이기 때문에

$\dfrac{1}{2}l = 7k$, $\dfrac{\sqrt{3}\,l}{2} = 7 - 7k$ 가 됩니다.

두 번째 식에 있는 $7k$ 대신에 $\frac{1}{2}l$을 대입하면

$$\frac{\sqrt{3}\,l}{2} = 7 - \frac{1}{2}l\text{이 만들어집니다.}$$

$l$에 대해서 정리하면

$$l = \frac{14}{\sqrt{3}+1} = \frac{14(\sqrt{3}-1)}{(\sqrt{3}+1)(\sqrt{3}-1)} = 7(\sqrt{3}-1)\text{이}$$

됩니다.

그러므로 교점의 좌푯값은 $l$에 $[30°]$를 곱해준

$$7(\sqrt{3}-1)(\frac{\sqrt{3}}{2} + \frac{1}{2}i)\text{을 정리하면 나옵니다.}$$

$$(\frac{7(3-\sqrt{3})}{2}, \frac{7(\sqrt{3}-1)}{2})\text{이 됩니다.}$$

 음... 살짝 복잡하네요.

 익숙해지면 쉬울 거예요.

좌표평면에서 여러 가지 상황에서 각수를 이용할 수 있는데, 그 중에 하나의 예를 보여드린 겁니다.

다음 문제도 풀어보세요. 좀 더 쉬울 겁니다.

교점의 좌표를 구해보세요.

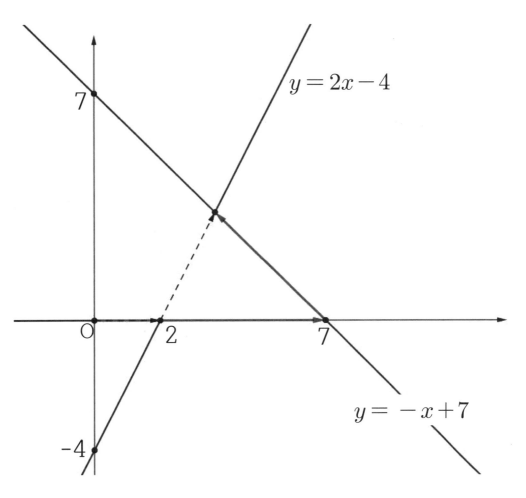

$l(2+4i)$는 각수 $2+4i$의 실수배입니다.

$2+l(2+4i)=7+k(-7+7i)$가 성립하기 때문에

$4l=7k$, $2+2l=7-7k$가 성립합니다.

$7k$ 대신에 $4l$을 대입하고 정리하면

$2+2l=7-4l \rightarrow l=\dfrac{5}{6}$

$2 + l(2 + 4i)$ 식에 $l = \dfrac{5}{6}$ 을 대입하면

$\dfrac{11}{3} + \dfrac{10}{3} i$ 이므로 교점의 좌표는 $\left( \dfrac{11}{3}, \ \dfrac{10}{3} \right)$ 입니다.

다른 경로로 식을 세워서 풀 수도 있어요.

 예? 다른 식이 또 있어요?

 흠! 아직 각수에 대한 이해가 부족하군요.
각수는 시작점과 종점이 같으면 모두 같은 각수라는 거...

 아! 맞다. 하지만 어떤 식인지 모르겠어요.

 최소 3개의 식을 더 세울 수 있습니다.
한번 찾아보실래요?

다른 식은 부록을 참조하시면 됩니다.

# 각수의 기울기

 각수의 기울기를 정의하도록 합니다.

$\cos\theta + i\sin\theta$ 에서 $\dfrac{\sin\theta}{\cos\theta}$ 를 각수의 기울기라고 하고,

$\tan\theta$라고 간단하게 나타냅니다.

$\tan\theta$는 직각좌표계에서는 기울기로 사용되지만 나중에 배우는 급수표현에서 역함수를 이용하면 $\pi$값을 유리수로 표현할 수 있는 간단한 수이기도 합니다.

앞으로 많이 사용하기 때문에 기본적인 성질을 배워보도록 합시다.

$$1 + \tan^2\theta = \frac{1}{\cos^2\theta}$$

 오른쪽에 있는 식을 간단히 표현할 수 없을까요?

 sec(시컨트)를 사용합니다. cos값의 역수죠.

$1 + \tan^2\theta = \sec^2\theta$ 처럼 표현 됩니다.


tan값의 역수는 cot(코탄젠트)이고요.

sin값의 역수는 cosec(코시컨트)를 사용합니다.

 음... 용어가 점점 늘어나니까 복잡해 보이기는 하네요.

하지만 앞으로 자주 보게 되는 용어들이기 때문에 미리 저런 수들도 있다는 것을 경험하는 것도 나쁘지 않을 겁니다.

하나의 식을 더 추가하자면

$1 + \cot^2\theta = \mathrm{cosec}^2\theta$ 입니다.

증명은 유미가?

 집에서 해보겠습니다.

 응? 안 하겠다는 건가요?

 음, 처음 보는 용어를 바로 증명해 보라는 것은 무리가 아닐까요?

 그래요. $\cos^2\theta + \sin^2\theta = 1$이 된다는 사실을 이용하면 그리 어렵지 않기 때문에 꼭 한번 해보세요.

 네.

각수의 나눗셈을 마지막으로 설명하겠습니다.

다음처럼 두 식이 있다고 합시다.

$$l[\alpha] = 1 + 3[20°] - \cdots$$
$$m[\beta] = 5 - [30°] + \cdots$$

그리고 아래처럼 분수 꼴을 사용해 나타냈다고 하죠.

$$\frac{l[\alpha]}{m[\beta]} = \frac{1 + [20°] - \cdots}{5 - [30°] + \cdots}$$

분모를 실수만으로 나타내고 싶다면 어떻게 하면 될까요?

 '누워서 떡먹기'죠.

분자분모에 $m[-\beta]$를 곱하면 되죠.

$$\frac{l[\alpha]m[-\beta]}{m[\beta]m[-\beta]}$$ 를 계산하면 분모는 실수 값만 나옵니다.

**'5번째 등식의 성질'**을 사용했습니다.

 잘하셨습니다.

이제 각수에 대해 많이 익숙해졌군요.

$$\frac{1}{[\theta]} = [-\theta]$$ 의 항등식도 중요하니 기억해두세요.

공간에 들어가기 전에 벡터에 대한 이야기를 좀 더 해보겠습니다.

 벡터(vector)에 대해서 다시 설명해주세요.

 음... 실수에 대해서 먼저 설명할게요.

실수는 어떤 상태를 '0'(기준)으로 놓았을 때, 변화된 상태(증가와 감소)를 나타낸 수입니다.

예를 들면

온도, 각도, 시력, 기울기, 벡터의 양(量) 등이 있습니다.

양수란, '0'으로부터 증가한 상태만을 나타낸 수입니다.

일반적으로 이것을 크기(scalar)로 사용합니다.

벡터는 **크기와 방향을 가진 수**입니다.

예를 들면 힘, 중력, 마찰력, 속도, 가속도 등이 있습니다.

 그러면 각수와 벡터는 어떻게 다른가요?

벡터주머니

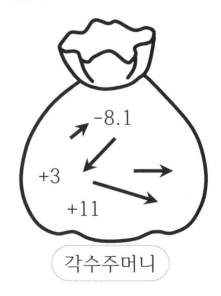

각수주머니

평면상에 한 점의 위치를 나타내기 위해 사용한 수직관계에 있는 두 벡터를 평면벡터라고 합니다.

그런데 실수와 벡터도 서로 수직관계이기 때문에 평면벡터는 각수와 비슷해 보이고 실제로 비슷한 부분이 꽤 많습니다. 이차원에서 두 각수의 합을 각 성분의 합으로 나타낼 수 있는 것처럼 벡터도 성분끼리 더해서 새로운 벡터를 나타낼 수 있습니다. 이것을 **벡터의 합성**이라고 부릅니다.

하지만 벡터는 실수성분과 함께 존재하지 않습니다.

만약 벡터와 실수성분이 함께 있으면 **각수**가 됩니다.

그러므로 각수는 벡터보다 상위개념이라 할 수 있습니다.

**허수 $i$가 바로 벡터**라는 것도 이미 아실 겁니다.

그리고 이후로 등장하는 모든 벡터들은 실수에 대하여 수직으로 존재하여 $[90°]$를 나타냅니다.

**각수는 실수와 벡터를 모두 포함**하는 거죠.

 왠지 어려운 것 같지만 각수는 평면에서 일정한 위치를 나타내기 위해 벡터 한 개와 방향이 없는 실수를 이용하지만, 평면벡터에서는 수직인 두 벡터를 사용한다는 말이죠?

 그렇죠. 정확하게 이해하셨습니다.

간단하게 벡터에 관한 내용을 살펴보도록 합시다.

일단 벡터의 시작점을 **시점**이라고 하고, 끝점을 **종점**이라고 합니다.

만약 점 $A$가 시점이고 점 $B$가 종점이라면, $\overrightarrow{AB}$ 처럼 나타낼 수 있습니다.

하지만 우리는 대개 한 문자로 구성된 $\vec{u}$, $\vec{v}$, $\vec{w}$로 나타내는 일이 더 많습니다.

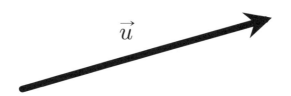

벡터의 크기는 절댓값 기호를 사용하여 $\left|\overrightarrow{AB}\right|$, $|\vec{u}|$ 처럼 나타내고, 그림에서는 화살표의 길이가 벡터의 크기가 됩니다.

그리고 크기가 1인 벡터를 **단위벡터**라고 불러요.
마찬가지로 크기가 1인 각수 또한 **단위각수**이겠죠?
일반적으로 사용하는 벡터나 각수는
단위벡터나 단위각수의 실수배가 사용됩니다.

그리고 벡터에서 기억해야 할 중요한 내용은 **크기와 방향만 같다면 어느 위치에 있든 모두 같은 벡터**라는 거죠.

 아하! 위치가 달라도 크기와 방향만 같으면 같은 벡터라는 것을 알겠어요. 동일한 화살표를 위치를 이동시킨다고 해서 다른 화살표가 되는 건 아니니까요.

하지만 옮길 때 조심하셔야 해요.
방향이 달라지면 같은 벡터가 아니랍니다.

 네! 알겠어요.

 벡터는 다시 여러 개의 벡터로 쪼갤 수가 있어요.
그런 면은 각수하고 비슷하다고 할 수 있어요.

 어? 평면벡터는 정말로 각수하고 비슷하네요.

 평면벡터의 덧셈, 뺄셈은 각수와 같다고 봐도 괜찮아요.
하지만 각수는 하나의 벡터와 실수 사이의 관계를 나타내기 때문에 곱셈이 가능한 반면,
평면벡터는 곱셈이 불가능해요.

 곱셈이 왜 불가능해요?

 모든 순수한 벡터는 90°라는 **회전각**을 가지고 있어요.
그러므로 $(1+i)i$와 같은 각수의 곱셈에서 뒤에 곱해진 $i$
가 $1+i$를 90°만큼 회전 시킵니다.
$1+i$가 가지고 있는 각 45°에 90°가 더해지는 거죠.
방향이 다른 순수한 두 벡터를 곱하면 두 벡터는 모두
[90°]의 회전각을 가지고 있기 때문에 두 벡터에 대하여
동시에 수직인 방향의 벡터가 나타나게 됩니다.

그래서 평면에서 두 벡터의 곱은 평면 위에 존재할 수 없게 됩니다.
또한 방향이 같거나 정반대의 두 벡터를 곱하게 되면 실수가 되기 때문에 결국 평면상의 두 벡터의 곱은 평면상의 벡터로 나타날 수 없습니다.
그래서 평면에서의 방향이 서로 다른 두 벡터의 곱은 정의될 수 없습니다.
(평면벡터는 곱셈에 대하여 닫혀있지 않다.)

 집에서 다시 한번 생각해 볼게요...

 평면 공간에서 벡터를 쪼개어 보면 대개는 두 개의 기본 성분으로, 삼차원에서는 세 개의 성분으로 쪼개진답니다.
벡터는 이렇게 여러 성분이 존재할 수 있지만 각수는 오직 한 개의 정해진 벡터와 실수, 두 개의 성분만 있어요.
더 자세한 것은 삼차원 구면각수에서 공부하도록 합시다.

 음... 조금 이해가 갈락말락 하네요.
그러니까 벡터는 절대로 실수 성분과 함께 존재할 수 없다는 거죠?

 네! 만약 실수 성분이 있게 되면 각수가 되는 거죠.
벡터들은 합성을 통해 최종적으로 한 방향을 나타내고 실수성분과 함께 최종 벡터의 크기와 회전각을 결정하게 됩니다.
일단 벡터의 합성에 대해서 간단히 살펴보겠습니다.

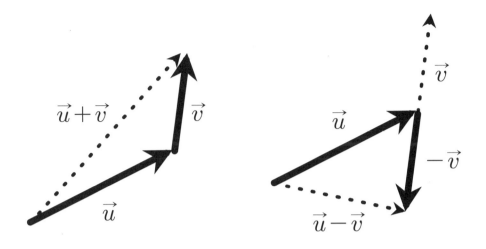

벡터는 시점과 종점이 있는데, 종점에 다른 벡터의 시점을 연결했을 경우 처음 벡터의 시점에서 연결한 벡터의 종점 까지의 화살표가 두 개의 벡터를 더한 결과랍니다.
벡터는 또한 역벡터를 가지는데, 역벡터는 벡터의 실수부 분의 부호를 바꿔주면 돼요.

그럼 벡터가 나타내는 방향이 반대가 되겠네요?

그렇죠!
그리고 그 역벡터를 이용하면 벡터의 뺄셈이 된답니다.

자! 이번에는 벡터의 성분에 대해 이야기를 해볼게요.
만약 벡터가 평면상에 존재한다면, 그 벡터를 이루는 기본 성분은 2개가 된답니다.

각수의 내적처럼 벡터도 내적이 있다는 것을 언급했었죠?

아 맞아요. 각수의 내적에서였죠.

 내적은 오직 같은 개수의 성분을 가진 **두 벡터에서만 가능**하고 결과는 **실수**로 나타납니다.
따라서 다음과 같은 형태의 식은 벡터의 내적이 될 수 없습니다.

$$\vec{a} \cdot \vec{b} + \vec{c}$$ (결과 값이 실수가 아님)

그리고 내적은 반드시 동일한 평면상에 있는 두 벡터간의 성분 곱의 합이기 때문에 일반적인 숫자의 곱처럼 생각하시면 안 됩니다.

이제 이 책에서 가장 많이 사용하는 벡터의 '내적'에 대해서 직접 계산해서 활용해봄으로써 '내적'에 대한 충분한 이해를 하셨으면 좋겠습니다.

 각수가 아니라, 벡터의 내적인거죠?

 네! 하지만, 이차원 평면에서의 내용은 각수와 같습니다.

먼저 $\vec{p} = P(\dfrac{3}{2}, \dfrac{1}{2})$와 $\vec{q} = Q(1, 2)$의 두 점이 있다고 합시다.

여기서 두 벡터의 사잇각의 cosine값을 구해보기로 하죠. 각각의 단위벡터를 $\vec{u}$, $\vec{v}$라고 하면,

$$\vec{u} = \frac{(3, 1)}{\sqrt{10}} \text{와} \quad \vec{v} = \frac{(1, 2)}{\sqrt{5}} \text{이 됩니다.}$$

여기서 두 벡터를 내적하면, 두 벡터 사잇각의 cosine 값이 구해집니다.

 $\vec{u} = (\dfrac{3}{\sqrt{10}}, \dfrac{1}{\sqrt{10}})$와 $\vec{v} = (\dfrac{1}{\sqrt{5}}, \dfrac{2}{\sqrt{5}})$라는 말이죠?

음... 그러면

$$\frac{3 \times 1 + 1 \times 2}{\sqrt{10}\sqrt{5}} = \frac{5}{\sqrt{10}\sqrt{5}} \quad \text{맞죠?}$$

오! 맞습니다. 보통은 분모를 유리화해서 정수로 만들어줘야 하는데, 여기서는 다음 과정의 계산을 위해서 그대로 두는 것이 좋습니다.

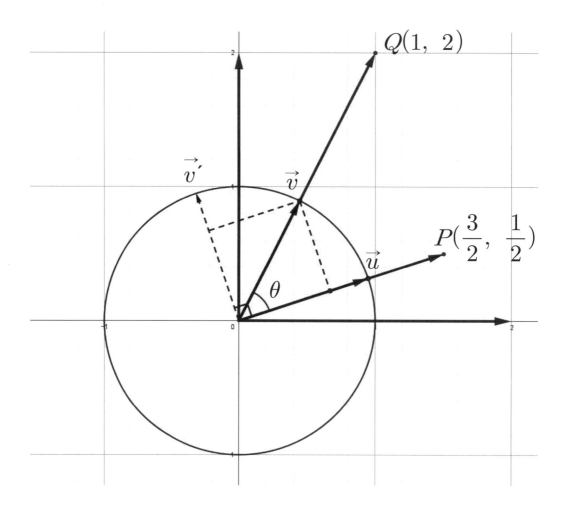

 자! 정리하자면 $\vec{u}$와 $\vec{v}$, $\vec{v'}$는 모두 크기가 '1'입니다.

$\vec{u}$와 $\vec{v}$의 내적은 $\cos\theta = \dfrac{5}{\sqrt{10}\,\sqrt{5}}$ 입니다.

여기서 $\vec{v}$를 수직으로 쪼개서 $\vec{u}$에 내린 벡터를 구할 수 있을까요?

 음! $\vec{v} \times \cos\theta$ 하면 $\vec{v} \times \dfrac{5}{\sqrt{10}\ \sqrt{5}}$ 아닐까요?

 틀리셨습니다.

 왜요?

 $|\vec{v}|\cos\theta$ 처럼 크기를 나타낸 거라면 맞지만 벡터는 아닙니다.

 그럼 어떻게 해요?

 $|\vec{v}|\cos\theta$ 에서 $|\vec{v}|$의 크기는 1인 거 아시죠?

 네!

 그럼 $\vec{u}$에 $\cos\theta$을 곱한 $\vec{u}\cos\theta$가 원하는 벡터 아닐까요?

 헉! 그러네요. 완전 착각했었군요.

 네! 대개는 그렇게 실수를 하시더라고요.

그렇게 잘못 이해하시기 때문에 벡터가 어렵답니다.

자! 이제 $\vec{u}$에 $\cos\theta$를 곱해볼까요?

 $\dfrac{(15,5)}{10\sqrt{5}}$ 가 됩니다.

 맞습니다.

그럼 $\vec{v}$에서 $\dfrac{(15,5)}{10\sqrt{5}}$ 를 빼면 $\vec{v}\sin\theta$가 되는 겁니다.

 우와! 진짜요?

 네! 한번 빼보세요.

 통분을 위해서 $\vec{v} = \dfrac{(10,\ 20)}{10\sqrt{5}}$ 로 고쳐주고 빼보면

$\dfrac{(-5,\ 15)}{10\sqrt{2}} = \vec{v}\sin\theta$가 됩니다.

 자 이제 마지막 확인을 해봅시다.

구한 벡터를 $\vec{u}$와 내적을 해보세요.

$\vec{u} = \dfrac{(3,\ 1)}{\sqrt{10}}$ 이니까, 분자만 내적해보면?

'0'이 됩니다!

 드디어 내적을 어떻게 사용하는 지를 배우셨네요.

 우와! 신기해요.
그럼 $(-5,\ 15)$라는 벡터는 $\vec{u}$와 수직이네요.

 그렇죠! 그 방향의 모든 벡터는 $\vec{u}$와 모두 수직입니다.

 완전 신기해요!!!

 이제 어느 정도 이해하셨다면 다음으로 넘어가 볼까요?

 음...! 배운 것을 다시 한번 유미랑 정리해보고
다음 수업을 들을게요.

 내가 왜?

 ...

## 구면각수란? (3부 프롤로그)

구면각수(spherical angle number)에서 가장 중요한 것은 $i$, $j$, $k$는 축뿐만 아니라 방향 역할도 한다는 겁니다.
또한, 공간에서의 기본벡터인 $i$, $j$, $k$를 조합하면 삼차원에서 수많은 방향을 나타낼 수 있습니다.
두 구면각수의 곱셈에서 앞부분에 곱해진 구면각수의 벡터가 **축**의 역할을 하는데, $i$, $j$, $k$뿐만 아니라
이 세 방향으로 조합된 모든 벡터(vector)가 **축**으로써 사용됩니다.

사원수와 구면각수는 같은 수이기는 하지만 구면각수라고 하는 것이 더 합리적이라고 판단해서 이 책에서는 **구면각수**로 부르도록 하겠습니다.
재미있는 것은 복소수와 사원수를 통합한 것이 각수 또는 구면각수라는 것입니다.

**'회전각을 가진 벡터(=각수)'**가 삼차원 공간에서 사용될 때 공간의 대한 이해도는 훨씬 빨라집니다.
구면각수를 정확히 이해한다면 공간상에 있는 점에 대해 어떻게 수식으로 다룰지를 확실하게 알게 됩니다.
삼차원 공간을 자나 컴퍼스를 가지고 직접 그릴 수는 없지만, 평면상에서의 각수 사용과 같은 방법으로 생각한다면 큰 무리 없이 구면각수를 이해할 수 있습니다.

각수의 기본적인 성질부터 임의의 벡터를 축으로 하는 회전까지 구면각수를 다루다보면 좀 더 쉽게 이해할 수 있습니다.

# 3부

구면에서의 각수
(삼차원 수)

이제 공간에서 각수를 다루도록 해봅시다.

에? 공간에서도 각수가 사용되나요?

네 평면에서 사용하던 각수를 그대로 사용합니다.

공간에서의 각수를 사용하다 보면, 앞에서 배운 $i$의 의미가 하나의 벡터라는 것을 정확히 확인할 수 있습니다.

지금부터는 공간에서 벡터라는 개념을 사용하는데
평면에서 이미 벡터를 조금 다루었습니다.
물론 평면에서는 한 개의 벡터만을 다루었기 때문에 그것이 벡터인지를 파악하기 힘들었을 겁니다.

그런데 모든 벡터가 $i$처럼 회전각을 가지고 있나요?

네. 실수를 함께 사용하면 더 다양한 회전각을 가집니다.

하지만 공간에 관한 수는 평면을 이용해서 그려볼 수 없기 때문에 왠지 어려울 거 같아요!

긴장 푸시고! 일단 시작해 보는 겁니다.
가다보면 길은 만들어지는 법이니까요.
일단 구면각수를 배우기 전에 구면각수에 대한 기본적인 내용부터 정리하겠습니다.

**구면각수**는 사원수의 다른 이름입니다.
이 책에서 사원수라 하지 않고 구면각수라 하는 이유는
이 수가 구면 위에 존재하는 한 점을 기본단위로 하기 때문입니다.

구면각수의 일반적인 표기법은 다음과 같습니다.
$p = a + bi + cj + dk$ ($a, b, c, d$는 실수)

각수 $p$의 크기는 $|p| = \sqrt{a^2 + b^2 + c^2 + d^2}$ 입니다.

그리고 $|p| = 1$ 일 때, 이 각수는 단위구면각수가 됩니다.

단위구면각수를 정리하면 실수부분과 벡터부분으로 나눠집니다. 이때 크기가 1인 벡터부분을 $\vec{u}$라고 할 때

단위구면각수는 다음처럼 표현합니다.

$$p = \cos\theta + \vec{u}\sin\theta = [u : \theta]$$

 이처럼 우리는 주로 크기가 1인 $p$와 같은 형태의 단위구면각수를 사용하여 구면각수의 특징을 살펴보게 됩니다.

회전각 $\theta$를 가진 단위벡터 $\vec{u}$는 단위구면각수 $p$가 됩니다.

켤레 구면각수는 다음처럼 표기합니다.

$$p^* = \cos\theta - \vec{u}\sin\theta = [u : -\theta]$$

$90°$의 회전각을 가지고 있는 순수한 $\vec{u}$는 $[u : 90°]$로 나타낼 수 있습니다.

$\vec{v}'_{u,\theta}$는 '$\vec{v}$'에 대하여 수직인 $\vec{u}$'를 축으로 해서

순수벡터 $\vec{v}'$가 $\theta$만큼 돌아간 벡터를 의미합니다.

아우...!!! 익숙하지 않아서인지 잘 모르겠어요.

 앞으로 계속 공부하다보면 구면각수에 대한 내용과 이러한
표기법에 익숙해질 겁니다.

회전각에 대한 설명입니다.
회전각은 벡터와 실수 사이의 관계에서 양의 실수의 회전
각을 $0°$로 정의하면서 등장한 개념입니다.
여기에서 모든 벡터의 회전각은 자연스럽게 $90°$가 되면서
삼차원에서 벡터의 곱이 정의될 수 있게 됩니다.

다시 강조하지만,
**모든 순수한 벡터는 회전각이 $90°$**입니다.
이 회전각은 이차원 각수에서의 회전뿐만 아니라,
삼차원 구면각수의 곱에서도 필수불가결한 요소입니다.

다음에 설명하는 기본 축 사이의 곱에서도
회전각의 개념은 그대로 적용됩니다.

앞으로 특별한 언급이 없을 경우
사용되는 **구면각수**나 **벡터**는
**단위구면각수**와 **단위벡터**로 생각하시면 좋겠습니다.

# 구면각수의 기본회전

 가장 기본적인 구면각수이자 기본 벡터의 곱을 보시죠.
$ij$ 는 $i$를 회전축으로 $j$가 회전한 결과입니다.
여기서 **오른손**을 펴보세요.

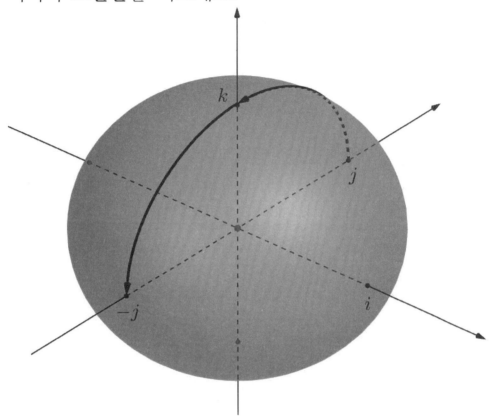

엄지손가락을 $i$축의 방향에 맞추면 나머지 네 손가락의 방향이 회전 방향이 됩니다. $i$는 순수한 벡터로 이루어진 구면각수이기 때문에 회전각이 $90°$입니다.

따라서 $ij$는 $k$가 됩니다.

그러면 $ik$는 최종점은 어디가 될까요?

 $i$를 축으로 하고 $k$를 돌려보면 $-j$ 가 되네요?

맞아요.
그래서 $ij = k$, $ik = -j$ 라는 결과가 만들어지죠.

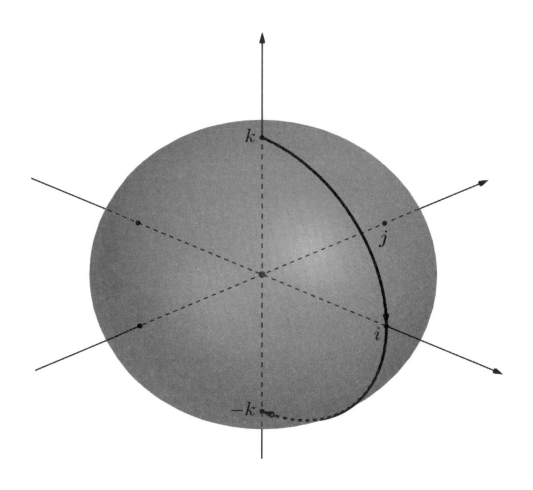

이번에는 $j$를 축으로 하는 경우를 살펴보겠습니다.
앞쪽 벡터를 축으로 해서 돌리는 경우입니다.

 제가 해볼게요. $jk$인 경우에는 회전각이 $90°$인 $j$를 오른 손의 엄지손가락 방향으로 맞추고 나머지 손가락의 방향으로 $k$를 $90°$ 돌리면 $i$가 됩니다.

저도 해볼게요. $ji$는 마찬가지로 회전각이 $90°$인 $j$를 축으로 해서 $i$를 $90°$ 돌리는 거니까 $-k$ 됩니다.

 잘하셨어요. 정리해보면 $jk = i$, $ji = -k$가 됩니다. 마지막으로 $k$를 축으로 하는 경우도 마저 살펴보죠!

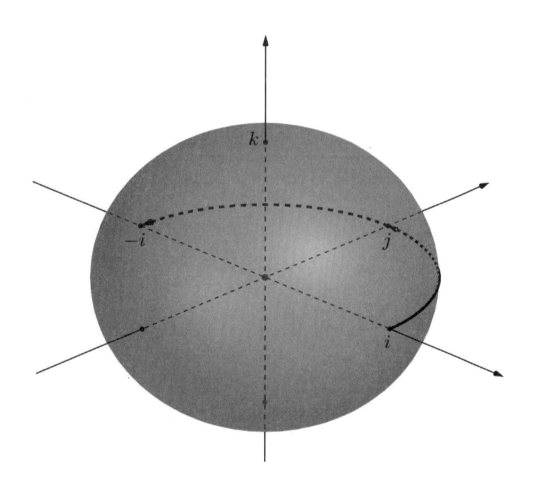

 $ki$는 $k$를 회전축으로 해서 $i$를 $90°$ 돌리면 $j$가 되고요. $kj$는 $k$를 엄지손가락 방향으로 하고 $j$를 $90°$ 회전시키면 $-i$가 됩니다.

잘하셨어요.

 그렇게 어렵지는 않네요.

 그렇죠. 수식이 조금 복잡해 보일 수는 있지만, 사실 방금 배운 규칙이 모든 구면각수에 그대로 적용이 되기 때문에 구면각수를 좀 더 쉽게 이해할 수 있게 되죠.

기본적인 규칙들을 정리해 보겠습니다.

$$ij = k \qquad jk = i \qquad ki = j$$
$$ji = -k \qquad kj = -i \qquad ik = -j$$

정리된 내용에서 보듯이, 곱하는 위치가 바뀌면 결과의 부호가 바뀌는 것도 기억해 놓으면 도움이 됩니다.

 여기서 또 알아두어야 할 내용은 곱의 뒤쪽을 축으로 해도 된다는 겁니다. 대신에 축을 **왼손**의 엄지손가락에 맞추고 돌리면 되는데 가끔 헷갈릴 수 있기 때문에, 앞으로는 **오른손**을 축으로 해서 돌리는 것으로 하겠습니다.

 곱의 앞쪽에 있는 각수를 **오른손**의 엄지손가락으로 정하는 것이 좋겠어요.
곱의 뒤쪽에 있는 각수를 **왼손**으로 해봤는데 복잡한 느낌?

 네! 오른손으로 하는 걸로 결론 내리겠습니다.

하지만 나중에 임의의 회전각을 가진 두 각수의 곱에서는
뒤쪽도 축(왼손사용)으로 한다는 사실을 꼭 기억해 두세요.

네 알겠어요. '뒤쪽도 축으로 사용된다...'

그리고 마지막으로 팁 하나!!!
회전의 결과가 머릿속에서 잘 그려지지 않을 때,
다음과 같은 방법을 사용해 보세요.

$$i \; j \; k \; i \; j \; k \; i \; j \; k$$

위처럼 늘어놓고 $ij$ 로 나열된 다음에 나오는 문자가 $ij$를
곱한 결과입니다.

훗! 꼼수군요?

네! 거꾸로 갈 경우는 '−'를 붙이면 돼요.

$kj$는 이동방향이 반대이기 때문에 '−'를 붙여서
$-i$가 되는군요.

맞아요. 다른 식들도 해보시면 똑같이 나와요.
하지만 회전을 이용해서 연습하는 것이 더 좋습니다.

# 구면각수의 결합법칙

 구면각수는 결합법칙이 성립합니다.

$p = |p|(\cos\alpha + \vec{u}\sin\alpha)$
$q = |q|(\cos\beta + \vec{v}\sin\beta)$
$r = |r|(\cos\gamma + \vec{w}\sin\gamma)$

$\vec{u}$, $\vec{v}$, $\vec{w}$는 단위벡터입니다.

$pqr = |pqr|[u:\alpha][v:\beta][w:\gamma]$

$|pqr|$은

세 각수를 곱한 크기로 곱하는 순서와 관계없습니다.

여기서는 $|pqr|$을 제외한 $[u:\alpha][v:\beta][w:\gamma]$(단위구면
각수들의 곱)만으로 결합법칙이 성립함을 알아보겠습니다.

앞의 두 항을 먼저 곱합니다.

$$\{(\cos\alpha + \vec{u}\sin\alpha)(\cos\beta + \vec{v}\sin\beta)\}(\cos\gamma + \vec{w}\sin\gamma)$$

$$\begin{pmatrix} \cos\alpha\cos\beta \\ +\vec{u}\sin\alpha\cos\beta \\ +\vec{v}\cos\alpha\sin\beta \\ +\vec{u}\vec{v}\sin\alpha\sin\beta \end{pmatrix} \times (\cos\gamma + \vec{w}\sin\gamma)$$

$\cos\alpha\cos\beta\cos\gamma$
$+\vec{u}\sin\alpha\cos\beta\cos\gamma$
$+\vec{v}\cos\alpha\sin\beta\cos\gamma$
$+\vec{w}\cos\alpha\cos\beta\sin\gamma$
$+\vec{u}\vec{v}\sin\alpha\sin\beta\cos\gamma$
$+\vec{u}\vec{w}\sin\alpha\cos\beta\sin\gamma$
$+\vec{v}\vec{w}\cos\alpha\sin\beta\sin\gamma$
$+\vec{u}\vec{v}\vec{w}\sin\alpha\sin\beta\sin\gamma$

뒤의 두 항을 먼저 곱합니다.

$$(\cos\alpha + \vec{u}\sin\alpha)\{(\cos\beta + \vec{v}\sin\beta)(\cos\gamma + \vec{w}\sin\gamma)\}$$

$$(\cos\alpha + \vec{u}\sin\alpha) \times \begin{pmatrix} \cos\beta\cos\gamma \\ + \vec{v}\sin\beta\cos\gamma \\ + \vec{w}\cos\beta\sin\gamma \\ + \vec{v}\vec{w}\sin\beta\sin\gamma \end{pmatrix}$$

$$\cos\alpha\cos\beta\cos\gamma$$
$$+ \vec{u}\sin\alpha\cos\beta\cos\gamma$$
$$+ \vec{v}\cos\alpha\sin\beta\cos\gamma$$
$$+ \vec{w}\cos\alpha\cos\beta\sin\gamma$$
$$+ \vec{u}\vec{v}\sin\alpha\sin\beta\cos\gamma$$
$$+ \vec{u}\vec{w}\sin\alpha\cos\beta\sin\gamma$$
$$+ \vec{v}\vec{w}\cos\alpha\sin\beta\sin\gamma$$
$$+ \vec{u}\vec{v}\vec{w}\sin\alpha\sin\beta\sin\gamma$$

계산 결과가 동일하므로
**결합법칙이 성립함**을 알 수 있습니다.

 좀 복잡하네요. 그냥 성립한다고 생각할게요.

 네. 그렇게 하셔도 특별한 문제는 없습니다.
하지만 **교환법칙은 성립하지 않습니다.**

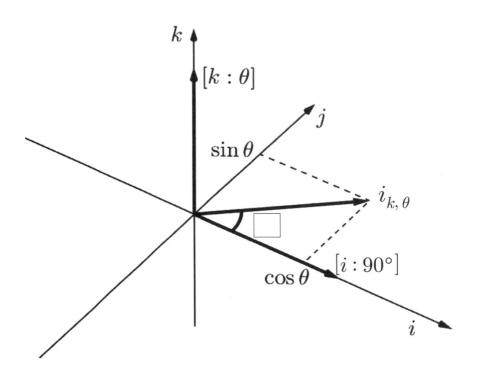

 자, 이번에는 $[k:\theta]\,i = (\cos\theta + k\sin\theta)i$를 계산해 보도록 합시다.

 $(\cos\theta + k\sin\theta)i$에서 괄호를 풀어주면
$i\cos\theta + j\sin\theta$ 에 새로운 방향을 그려보면 그림처럼 되네요.
흠.. 저기에 있는 **사이의 각도는** $\theta$가 되어야겠네요?

 맞습니다. 결국 $[k:\theta]\,i$는 $k$를 회전축으로 해서 $i$를 $\theta$만큼 회전한 벡터 $i_{k,\theta}$가 나오게 됩니다.

 재밌네요.

## 단위구면각수의 특징

1. 단위구면각수는 반지름이 1인 구면 위에 존재한다.
2. 단위구면각수의 곱은 **결합법칙이 성립한다**.
3. 단위구면각수의 곱은 **교환법칙은 성립하지 않는다**.
4. 모든 구면각수는 회전각을 가진다.
5. 벡터부분이 같은 구면각수의 곱에서는 결합, 교환법칙이 모두 성립한다.
   (회전각을 모르는 경우는 일반 곱셈을 한다.)
6. 단위구면각수의 실수부분은 회전각의 cosine값을 나타내며, 벡터부분은 구면 위의 한 점을 나타낸다.

 $i,\ j,\ k$로 구성된 단위벡터의 특징을 살펴보겠습니다.

이차원 각수공간에서는 방향성분 $i$ 하나만을 사용했지만 이제부터는 세 개의 방향성분을 사용합니다.

반지름이 1인 구면에서의 순수한 벡터의 기본 성질은 다음과 같습니다.
1. **모든 벡터의 회전각은 $90°$이다.**
2. **크기가 1인 모든 단위벡터의 제곱은 $-1$이 된다.**

위의 성질들은 각수 서두에서 언급했었지만 여기서 다시 정리해보도록 하겠습니다.

단위벡터 $\vec{a}$가 있다고 합시다.

이 벡터는 실수에 영향을 주지 않기 때문에 실수와 수직 상태에 있습니다.

실수와 벡터가 혼합된 식 $3+2\vec{a}$가 있다고 합시다.

이 식의 크기는 $\sqrt{3^2+2^2}=\sqrt{13}$ 입니다.

그러면 이 식을 제곱했을 때, 크기도 제곱이 되기 때문에 $\sqrt{169}$가 됩니다.

한번 살펴보죠!

$(3+2\vec{a})^2=9+4\vec{a}^2+12\vec{a}$에서

양변의 크기는 $\sqrt{169}$로 같아야 합니다.

$$\sqrt{169}=\sqrt{(9+4\vec{a}^2)^2+144}$$

따라서 $9+4\vec{a}^2$이 5가 되기 위해서는 $\vec{a}^2$이 $-1$이 되어야 합니다.

 오! 무슨 마법 같아요! 수가 이렇게 확장이 되는군요.

 이건 마법이 아니라 논리인거죠.

순수한 벡터의 곱에 대해서 아직은 익숙하지 않겠지만
아래의 내용도 꼭 알아두십시오.

반지름이 1인 구면에서의 두 개의 순수한 단위벡터의 곱
(오른손 법칙 적용)으로 새로운 벡터가 생깁니다.

이 벡터는 원래의 두 벡터들로부터의 극점에 위치합니다.

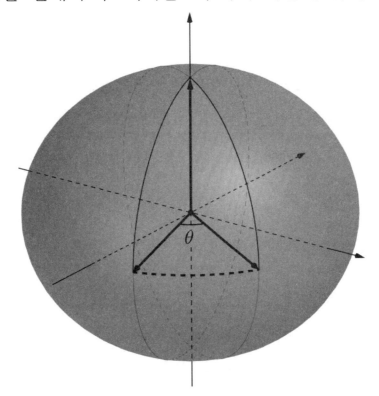

여기서 주의할 점은 각수의 크기는 벡터의 크기와 일치하
기 때문에 두 단위각수의 곱의 크기가 1이 되고 벡터의 크
기 또한 1이 된다는 것입니다.
그래서 단위벡터를 그려준 것입니다.
(계속 공부하다 보시면 알게 됩니다.)

자 이번엔 삼차원 벡터의 기본적인 연산을 살펴봅시다.
일단 두 벡터의 합과 차에 대해서 이야기 하겠습니다.
벡터의 합과 차는 다음처럼 이루어집니다.

$$(ai+bj+ck)+(a'i+b'j+c'k)$$
$$=(a+a')i+(b+b')j+(c+c')k$$
$$(ai+bj+ck)-(a'i+b'j+c'k)$$
$$=(a-a')i+(b-b')j+(c-c')k$$

성분별로 합과 차가 발생하기 때문에
$$(a,\ b,\ c)+(a',\ b',\ c')=(a+a',\ b+b',\ c+c')$$
$$(a,\ b,\ c)-(a',\ b',\ c')=(a-a',\ b-b',\ c-c')$$
처럼 간결하게 사용하기도 합니다.

평면벡터처럼 벡터의 합과 차는 간단합니다.

 이제 벡터의 곱을 살펴보도록 합니다.

벡터의 곱에는 우리가 일반적으로 사용하는 곱 이외에도
내적과 외적이라 불리는 곱이 있습니다.

내적은 이차원에서 설명드렸듯이 두 벡터에 대한 사잇각의
cosine값을 구하기 위해 정의된 곱입니다.
외적은 사잇각의 sine값을 크기를 갖는 '두 벡터에 수직인
벡터'를 구하기 위해 정의된 곱입니다.

벡터는 곱이 많네요?

 그렇죠. 하지만 외적과 내적은 특수한 목적으로 사용하기 위해 정의된 곱의 형태입니다.

내적은 동일한 평면에 존재하는 두 벡터의 cosine값을 구하기 위해서 만든 곱의 형태인데, 주의할 점은 반드시 **두 개의 벡터를 대상**으로 한다는 것입니다.
내적은 교환법칙, 분배법칙까지 성립하기 때문에 여러 벡터를 다룰 수 있는 곱으로 생각할 수 있지만
**오직 대상은 2개의 벡터**입니다.

 음... 두 단위벡터의 내적은 사잇각의 cosine값이 되고, 수직일 경우에는 두 벡터가 단위벡터가 아니어도 내적이 '0'이 되는 거죠?

 네! 맞습니다.
한 벡터를 다른 벡터에 대해서 수직인 부분과 그렇지 않은 부분으로 쪼갤 때 유용하게 쓸 수 있답니다.

 음... 한 개의 벡터가 필요에 따라서 다른 여러 개의 벡터로 분해된다는 특징은 확실히 벡터를 다룰 때 편할 것 같긴 한데... 항이 많아지겠어요.

 네! 보통 이차원은 두 개의 성분으로, 삼차원은 세 개의 성분으로 쪼개집니다.

## 벡터의 외적

자! 다음은 외적입니다.

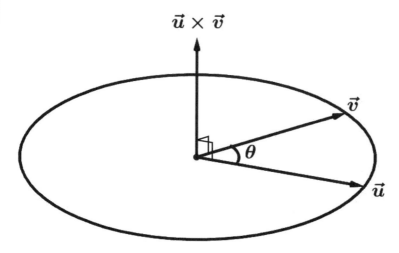

외적(cross product)의 결과는 벡터이기 때문에 여러 번 외적이 가능합니다만 일반적인 구면각수와 마찬가지로 교환법칙이 성립하지는 않습니다.

벡터의 외적은 다음과 같습니다. (오른손법칙)

$$\vec{u} \times \vec{v} = (u_x i + u_y j + u_z k) \times (v_x i + v_y j + v_z k)$$
$$= i(u_y v_z - u_z v_y) + j(u_z v_x - u_x v_z) + k(u_x v_y - u_y v_x)$$

외적은 두 벡터를 곱한 결과에서 실수부분을 제외한 값을 말합니다.

외적은 대개 두 벡터에 대한 **수직인 벡터를 찾을 때** 꽤나 유용한 형식입니다. 그 외에도 다양한 분야에서 사용되기 때문에 알아두면 좋습니다.

외적에서는 두 벡터의 곱의 위치를 바꾸면 결과 값의 부호가 바뀝니다.

$$\vec{u}\times\vec{v}=-\vec{v}\times\vec{u}$$

 여기서 **순수한 벡터 사이**에서의 ×기호는 일반적인 곱하기의 의미가 아닌 **외적**의 의미입니다.

앞 페이지 그림은 $\vec{u}$와 $\vec{v}$를 외적을 했을 때, $\vec{u}\times\vec{v}$ 라는 수직인 벡터가 나온다는 것을 보여주고 있습니다.
크기는 $|\vec{u}\times\vec{v}|=|\vec{u}||\vec{v}|\sin\theta$ 입니다.

순수한 벡터로 이루어져 있는 두 구면각수,
즉 회전각이 $[90°]$인 두 벡터가 수직일 때는 곱의 위치를 바꾸면 결과 값의 부호가 바뀌는 것은 외적의 경우와 같습니다.

 음... 아무튼 두 벡터를 알고 있을 때, 외적을 사용하여 수직인 벡터를 구할 수 있다는 거죠?

 그렇죠.
회전각을 제외한 순수한 벡터를 구하고 싶다면, 외적에서 사잇각에 대한 sine값으로 나눠주면 됩니다.

자! 이제 직각인 경우의 두 벡터 또는 구면각수의 간단한 회전에 대해서 알아보도록 하겠습니다.

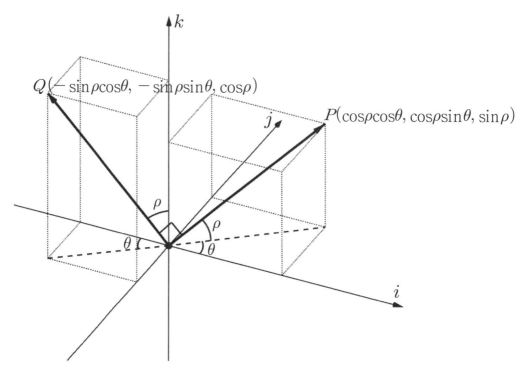

그림에서 $\rho$는 $ij$평면에서 $\vec{p}$ 까지의 각을 나타내는 값이고, $\theta$는 $ij$평면에서 $i$축으로부터 $\vec{p}$의 정사영[*]까지의 각을 나타냅니다.

위의 두 벡터의 크기는 1입니다.

[*] 정사영이란 대상을 원하는 평면에 수직으로 투영했을 때 생기는 도형이다.

$\vec{p}$ 의 성분은 $(\cos\rho\cos\theta, \cos\rho\sin\theta, \sin\rho)$입니다.

그리고 위의 그림처럼 $\vec{p}$ 를 이용해서

수직인 $\vec{q} = (-\sin\rho\cos\theta, -\sin\rho\sin\theta, \cos\rho)$를 만들 수 있습니다.

당연히 두 벡터의 성분을 내적 해보면, '0'이 나옵니다.
수직이니까 사잇각의 cosine 값은 '0'이 되는 거죠.

$$\vec{p} \cdot \vec{q} = -\sin\rho\cos\rho\cos^2\theta - \sin\rho\cos\rho\sin^2\theta + \sin\rho\cos\rho$$
$$= -\sin\rho\cos\rho(\cos^2\theta + \sin^2\theta) + \sin\rho\cos\rho$$
$$= 0$$

 두 벡터가 수직인 경우 내적을 하면 크기에 상관없이
무조건 '0'이 되는 성질은 두 벡터가 수직인지 아닌지를
알고 싶을 때 정말로 유용한 거 같아요.

 네!
정확합니다.

 처음 문자 사용할 때는 조금 어렵게 느꼈는데 지금은 복잡
해 보이는 수식인데도 쉬워 보여요.

 자꾸 사용하다보면 머리가 더 좋아지는 것을 느낄지도 몰
라요.

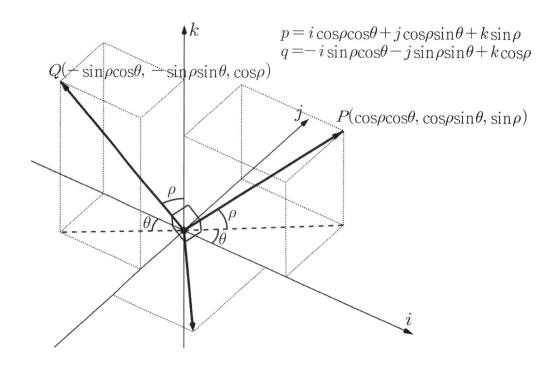

$p = i\cos\rho\cos\theta + j\cos\rho\sin\theta + k\sin\rho$
$q = -i\sin\rho\cos\theta - j\sin\rho\sin\theta + k\cos\rho$

$Q(-\sin\rho\cos\theta, -\sin\rho\sin\theta, \cos\rho)$

$P(\cos\rho\cos\theta, \cos\rho\sin\theta, \sin\rho)$

 이번에는 두 성분들을 식으로 나타내고 곱한 결과를 보도록 하죠. $\overrightarrow{pq}$ 의 결과는 그림처럼 $\overrightarrow{p}$ 를 회전축으로 하여 $\overrightarrow{q}$ 를 반시계 방향으로 90° 회전한 곳에 새로운 벡터가 생깁니다.

$$(i\cos\rho\cos\theta + j\cos\rho\sin\theta + k\sin\rho)$$
$$\times(-i\sin\rho\cos\theta - j\sin\rho\sin\theta + k\cos\rho)$$
$$= i(\cos^2\rho\sin\theta + \sin^2\rho\sin\theta)$$
$$\quad - j(\sin^2\rho\cos\theta + \cos^2\rho\cos\theta)$$
$$\quad + k(-\sin\rho\cos\rho\sin\theta\cos\theta + \sin\rho\cos\rho\sin\theta\cos\theta)$$

$$= i\sin\theta - j\cos\theta$$

곱의 위치를 바꾸면 $\vec{q}$를 회전축, $\vec{p}$가 반시계 방향으로 90° 회전한 벡터가 나오고, 이전의 결과와 정반대에 위치하게 됩니다.

$$(-i\sin\rho\cos\theta - j\sin\rho\sin\theta + k\cos\rho)$$
$$\times(i\cos\rho\cos\theta + j\cos\rho\sin\theta + k\sin\rho)$$
$$=-i(\sin^2\rho\sin\theta + \cos^2\rho\sin\theta)$$
$$+j(\cos^2\rho\cos\theta + \sin^2\rho\cos\theta)$$
$$+k(-\sin\rho\cos\rho\sin\theta\cos\theta + \sin\rho\cos\rho\sin\theta\cos\theta)$$

$$=-i\sin\theta + j\cos\theta$$

실제로 계산을 해보시면서 위치 관계를 익혀두는 것도 좋습니다.

오!
직접 위치를 바꿔서 곱해보니까 부호만 다른 값이 나와요.

잘하셨습니다.
이제 **수직관계에서는 곱의 위치를 바꾸면 결과 값의 부호만 바꿔준다**는 거 알거라 생각하겠습니다.

이런 관계를 이용하는 내용도 나올 거 같아요.

상당히 자주 나오죠.

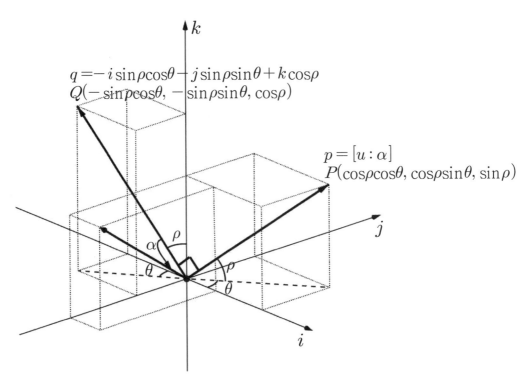

$$q = -i\sin\rho\cos\theta - j\sin\rho\sin\theta + k\cos\rho$$
$$Q(-\sin\rho\cos\theta, -\sin\rho\sin\theta, \cos\rho)$$

$$p = [u:\alpha]$$
$$P(\cos\rho\cos\theta, \cos\rho\sin\theta, \sin\rho)$$

 이번에는 조금 복잡할 수도 있지만, $p$가 회전각 $\alpha$를 가지고 있는 경우를 구해보겠습니다.

$p = [u:\alpha] = \cos\alpha + \vec{u}\sin\alpha$, $q = \vec{v}$ 라고 합시다.

$$(\cos\alpha + \vec{u}\sin\alpha)\vec{v}$$
$$= \vec{v}\cos\alpha + \vec{u}\vec{v}\sin\alpha$$
$$= \cos\alpha(-i\sin\rho\cos\theta - j\sin\rho\sin\theta + k\cos\rho)$$
$$\quad + S\alpha(iC\rho C\theta + jC\rho S\theta + kS\rho)(-iS\rho C\theta - jS\rho S\theta + kC\rho)$$
$$= \cos\alpha(-i\sin\rho\cos\theta - j\sin\rho\sin\theta + k\cos\rho)$$
$$\quad + \sin\alpha(i\sin\theta - j\cos\theta)$$
$$= i(\sin\alpha\sin\theta - \cos\alpha\sin\rho\cos\theta)$$
$$\quad - j(\sin\alpha\cos\theta + \cos\alpha\sin\rho\sin\theta)$$
$$\quad + k\cos\alpha\cos\rho$$

최종 결과는 $\vec{u}$를 회전축으로 $\vec{v}$를 반시계 방향 (counterclockwise)으로 $\alpha$만큼 회전한 식이 나옵니다. 이후 계산해야 할 일이 많으니까 직접 해보도록 하세요.

 계산은 할수록 느는 거 같아요.

 $S\alpha(iC\rho C\theta + jC\rho S\theta + kS\rho)(-iS\rho C\theta - jS\rho S\theta + kC\rho)$
이 부분에서 S는 sin을 C는 cos을 의미합니다.

삼차원 각수에서 각들을 계산하다 보면
위에서처럼 식이 지나치게 길어지는 경우가 많습니다.
가능한 sin, cos을 사용하겠지만,
식이 지나치게 길어지면 S, C로 간략하게 나타내겠습니다.

글씨를 작게 해도 한계가 있고 위와 아래로 식을 나누게 되면 전체적인 식의 모양이 깨져서 식 본래의 의미를 파악하기 어려운 경우도 있습니다.
어쩔 수 없이 저렇게 줄여서 쓰는 거니까 이해해 주세요.

 별 문제 없어 보이는데요?

 저런 부분에 민감한 학생들도 있어요.

 아, 그렇군요.

자 방금 배운 내용에 대한 이해를 돕기 위해서
공간상의 두 벡터를 사용하여 살펴보도록 하겠습니다.
이 부분을 이해하시려면 내적에 대한 이해는 필수입니다.

 아! 저번에 어디서 배웠더라?

 네! 삼차원으로 들어오기 바로 전에 배웠던 벡터의 내적에
관한 내용을 말하는 겁니다.

 아! 맞다.

 벡터의 내적에 대해서는 잘 이해하고 있나요?

 벡터는 합성을 통해서 새로운 벡터가 만들어지는 것은 이
해하고 있어요.
음… 두 벡터가 합성해서 만들 수 있는 공간은 한 평면밖
에 없죠.
그래서 새로운 평면을 만들기 위해서는 두 벡터에 수직인
벡터가 필요하구요.
그렇게 삼차원 공간의 벡터가 만들어지는 거죠.

 잠깐만요. 내적에 관한 내용을 묻는 거예요.

 아! 당연히 잘 알고 있죠.

 알겠습니다. 그럼 숫자를 만들어보죠.

공간상의 한 벡터 $\vec{p} = P(2,\ 1,\ 2)$이 있고,
그리고 다른 벡터 $\vec{q} = Q(-1, 5, -1)$이 있다고 합시다.

두 벡터는 수직인가요?

 내적을 해보면
$2 \times (-1) + 1 \times 5 + 2 \times (-1) = 1$
'0'이 아니기 때문에 수직이 아닙니다.

 그럼 $\vec{q}$를 분해해서 $\vec{p}$에 수직인 벡터를 구해보세요.
단 $\vec{p}$의 단위벡터는 $\vec{u}$, $\vec{q}$의 단위벡터는 $\vec{v}$라고 하세요.
사잇각은 $\theta$입니다.
그리고 $\vec{v}$쪽에 있는 단위벡터 $\vec{v'}$는 $\vec{u}$와 수직입니다.

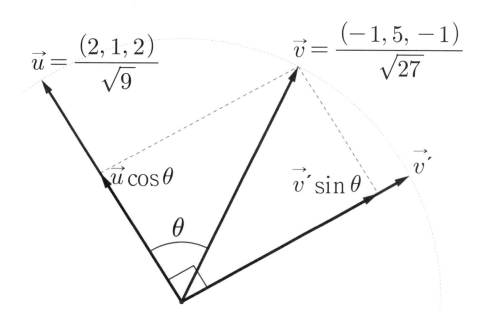

$$\vec{u} = \frac{(2, 1, 2)}{\sqrt{9}} \qquad \vec{v} = \frac{(-1, 5, -1)}{\sqrt{27}}$$

$\vec{u}\cos\theta \qquad \vec{v'}\sin\theta \qquad \vec{v'}$

$\theta$

저번에 평면에서 했던 것처럼 하면 되죠?
먼저 두 벡터의 단위벡터를 구합니다.

$$\vec{u} = \frac{(2, 1, 2)}{\sqrt{9}}, \ \vec{v} = \frac{(-1, 5, -1)}{\sqrt{27}} \ 입니다.$$

분모를 유리화하지 않는 것이 계산이 쉬워집니다.

 그거까지 기억하고 있군요.

 당연하죠!
두 단위벡터를 내적하면

$$\cos\theta = \frac{-2+5-2}{\sqrt{9}\ \sqrt{27}} = \frac{1}{\sqrt{9}\ \sqrt{27}} \ 이 \ 됩니다.$$

이 값을 $\vec{u}$에 곱해주면 $\vec{u}\cos\theta = \dfrac{(2, 1, 2)}{9\sqrt{27}}$ 가 됩니다.

$\vec{v}$에서 방금 구한 벡터를 빼면

$$\frac{(-9, 45, -9)}{9\sqrt{27}} - \frac{(2, 1, 2)}{9\sqrt{27}} = \frac{(-11, 44, -11)}{9\sqrt{27}}$$

$$= \vec{v'}\sin\theta$$

가 됩니다.
그리고 구한 벡터의 분자부분과 $\vec{u}$를 내적을 하면
'0'이 됩니다.

그럼 구한 벡터의 단위벡터 $\vec{v'}$를 구해보세요.

 $\dfrac{(-1,\,4,\,-1)}{\sqrt{18}}$ 입니다.

 잘하셨어요.
이제 수직인 두 벡터가 아래처럼 있네요.

$$\vec{u} = \frac{(2,\,1,\,2)}{\sqrt{9}},\ \vec{v'} = \frac{(-1,\,4,\,-1)}{\sqrt{18}}$$

이제 이 두 수를 곱해보세요.

 $$\vec{u}\vec{v'} = \left(\frac{2i+j+2k}{\sqrt{9}}\right)\left(\frac{-i+4j-k}{\sqrt{18}}\right) = \frac{-9i+9k}{9\sqrt{2}}$$

 오! 잘했어요.
$\vec{u}$, $\vec{v'}$와 $\vec{u}\vec{v'}$를 각각 내적해보세요

 모두 '0'이 나옵니다.

 그렇죠! 그렇다는 것은 구해진 벡터 $\vec{u}\vec{v'}$가 두 벡터 $\vec{u}$, $\vec{v'}$
에 모두 수직이라는 거죠?

그래프에 점을 찍어 확인해보시면, $\vec{u}$를 축으로 해서 $\vec{v'}$를 90° 회전한 벡터임을 알 수 있어요.

그림 그리는 건 직접 해보세요.

 네!
아 그런데 유미야 $\vec{v'}$를 어떻게 빨리 구했어?

 $\vec{v'}\sin\theta$와 평행하면서 크기가 1이면 되잖아.
그래서 저 벡터에 가장 간단한 정수의 비는 $(-1, 4, -1)$ 이니까 이것의 크기를 1로 만들기 위해서 벡터의 크기로 나눠주면 돼.

 그렇군.

구면각수는 구면에서의 직선의 특징을 알고 있어야 구면각수를 제대로 이해할 수 있습니다.

1. 구면에서의 모든 직선은 **대원호**이다.
2. 구면에서 서로 다른 두 직선은 반드시 두 점에서 만난다. (각이 두 개인 이각형이 존재함)
3. 한 대원호 위에 있는 서로 다른 두 점에서 수직선을 그으면 그 대원호에 대한 극점에서 만난다.
4. 구면에서 서로 다른 세 직선으로 이루어진 삼각형을 구면 삼각형(spherical triangle)이라 한다.
5. 단위구면에서 구면삼각형의 변의 길이는 그 변의 중심각과 정비례한다. (호도법의 경우 길이가 각의 역할을 함)

※ 대원호는 구를 정확히 절반으로 쪼갤 때 구면의 생기는 경로를 의미한다.

 재미있네요. 위의 내용대로라면 구면에서 평행한 두 직선도 두 점에서 만나나요?

 예! 서로 다른 두 직선은 무조건 두 점에서 만납니다.

 음...
구면에 대해서 좀 더 공부를 할 필요가 있을 거 같아요.

 일단 구면에 대한 자세한 내용은 '수학의 오메가 3권'에서 라디안을 배운 후에 공부하면 더 쉽게 이해할 수 있어요.

 라디안이라...!!! 흠!!!

## 구면 코사인법칙

자, 이번엔 **구면 코사인법칙**에 대해서 알아보겠습니다.

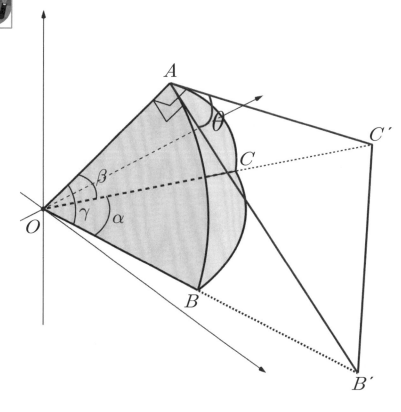

$\overline{AB'}$, $\overline{AC'}$는 구면에 접한 두 직선이기 때문에 반지름인 $\overline{OA}$와 수직을 이룹니다.

$$\overline{OA} \perp \overline{AB'}, \overline{OA} \perp \overline{AC'}$$

삼각형에서 길이를 구하는 방법은 이차원에서 했던 것과 같은 방법입니다. (피타고라스 정리)

$\triangle\,OAB'$에서

$\overline{OB'}^2 = \overline{OA}^2 + \overline{AB'}^2$ 식이 세워지고 정리하면

$\overline{AB'}^2 = \overline{OB'}^2 - \overline{OA}^2$의 식을 얻을 수 있습니다.

$\triangle\,OAC'$에서도 마찬가지로

$\overline{OC'}^2 = \overline{OA}^2 + \overline{AC'}^2$ 식이 세워지고 정리하면

$\overline{AC'}^2 = \overline{OC'}^2 - \overline{OA}^2$의 식을 얻을 수 있어요.

$\triangle\,OB'C'$에서 제 2 cosine 법칙을 적용시키면

$\overline{B'C'}^2 = \overline{OB'}^2 + \overline{OC'}^2 - 2\,\overline{OB'}\,\overline{OC'}\cos\alpha$ ·············①

의 식을 구할 수 있습니다.

 마음속으로 공간을 그려보면서 하는데 쉽지는 않네요.

 자주 하시다 보면 익숙해진답니다.

$\triangle\,AB'C'$에서 제 2 cosine 법칙을 적용시켜서

$\overline{B'C'}^2 = \overline{AB'}^2 + \overline{AC'}^2 - 2\,\overline{AB'}\,\overline{AC'}\cos\theta$ 식을 구하고,

위에서 구한 $\overline{AB'}^2$와 $\overline{AC'}^2$을 이용하여

$$\begin{aligned}
\overline{B'C'}^2 &= \overline{AB'}^2 + \overline{AC'}^2 - 2\,\overline{AB'}\,\overline{AC'}\cos\theta \\
&= \overline{OB'}^2 - \overline{OA}^2 + \overline{OC'}^2 - \overline{OA}^2 - 2\,\overline{AB'}\,\overline{AC'}\cos\theta \\
&= \overline{OB'}^2 + \overline{OC'}^2 - 2\,\overline{OA}^2 - 2\,\overline{AB'}\,\overline{AC'}\cos\theta \cdots②
\end{aligned}$$

처럼 정리할 수 있습니다.

이제 마지막으로 ①과 ②를 정리해 보겠습니다.

$$\overline{OB'}^2 + \overline{OC'}^2 - 2\overline{OB'}\,\overline{OC'}\cos\alpha$$
$$= \overline{OB'}^2 + \overline{OC'}^2 - 2\overline{OA}^2 - 2\overline{AB'}\,\overline{AC'}\cos\theta$$

$$\rightarrow \quad \overline{OB'}\,\overline{OC'}\cos\alpha = \overline{OA}^2 + \overline{AB'}\,\overline{AC'}\cos\theta$$

$$\rightarrow \quad \cos\alpha = \frac{\overline{OA}}{\overline{OB'}}\frac{\overline{OA}}{\overline{OC'}} + \frac{\overline{AB'}}{\overline{OB'}}\frac{\overline{AC'}}{\overline{OC'}}\cos\theta$$

$$\rightarrow \quad \cos\alpha = \cos\gamma\cos\beta + \sin\gamma\sin\beta\cos\theta$$

구면 cosine 법칙은 구면각수의 곱한 결과의 각을 확인할 때 꼭 필요하니까 확실하게 알아두셔야 해요.

그렇게 하셔야만 구면각수의 곱에서 중심각들을 이용해 구면각의 값을 확인 하실 수 있어요.
또 이십면체나 십이면체와 같은 구면에 있는 입체도형을 다룰 때 정말 유용합니다.

 아 그렇군요! 많이 연습할게요.

구면각수에서 항상 성립하는 식이 있습니다.

사실은 알고는 있지만 잘 안 쓰이는 식이죠.

수식이 길어지는 경우, $C$는 cosine, $S$는 sine의 의미로 쓰도록 하겠습니다.

$\cos^2\alpha + \sin^2\alpha = 1$ 이 되는 것은 알고 계시죠?

 네, 이차원 공부할 때 배운 내용입니다.

 다음 식은 올바른 식일까요?

$$C^2\alpha C^2\beta + S^2\alpha C^2\beta + S^2\beta S^2\theta + S^2\alpha S^2\beta C^2\theta + C^2\alpha S^2\beta C^2\theta = 1$$

 헉!!! 이게 뭐죠? 잘 모르겠어요.

 음... 앞으로 필요한 수식이라 미리 익혀두기 위해서 정리를 해본 겁니다. 좀 길죠?

 그런데 이 식이 성립하나요?

 네. 사실은 간단해요.

$\cos^2\alpha + \sin^2\alpha = 1$의 형식을 이용해 식을 변형한 거죠.

 에? 정말요?

정리해서 써본다면
$(C^2\alpha+S^2\alpha)C^2\beta+S^2\beta(S^2\theta+(S^2\alpha+C^2\alpha)C^2\theta)=1$이 돼요.

 아! 1 대신에 $\cos^2\alpha+\sin^2\alpha=1$의 식에 각을
다르게 써놓고 정리한 것뿐이네요.

 네 그래서 어렵지 않다고 한 거고요.

 원리는 간단한데 이렇게 길게 쓰니까 어려워 보이기는 하
네요. 뭐 정리해서 보니까 특별한 건 아니네요.

 이번 내용은 그리 어렵지는 않지만,
살짝 부담스럽기는 합니다.

그리고 이 식에 대한 이름이 없으니까
일단은 '**구면 피타고라스 정리**'라고 부를게요.
이제 다음 내용으로 넘어가 볼까요?

 네.

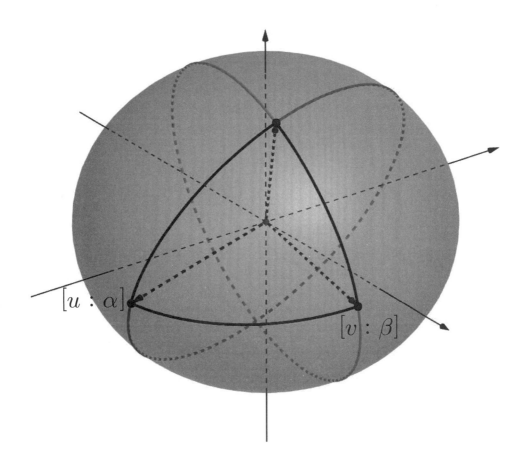

 이제 구면위에 회전각을 가지고 있는 각수의 곱에 대해 배워봅시다.

단위각수 $p = \cos\alpha + \vec{u}\sin\alpha = [u : \alpha]$ 가 있고,

다른 단위각수 $q = \cos\beta + \vec{v}\sin\beta = [v : \beta]$가 있습니다.

여기서 $\vec{u}$, $\vec{v}$는 단위벡터입니다.

두 각수를 곱하면 어떤 결과가 나오는지 한번 살펴보도록 합시다.

먼저, 곱의 결과를 정리해 보면
$$[u:\alpha][v:\beta] = C\alpha C\beta + \vec{v}C\alpha S\beta + \vec{u}S\alpha C\beta + \vec{u}\vec{v}S\alpha S\beta$$가
됩니다.

 $C$는 cosine이고 $S$는 sine인가요?

 네, 앞에서 이렇게 하기로 약속했죠?

 아! 맞다. 역시 공간에 관한 식은 조금 길군요.

 네! 그렇죠.
$$[u:\alpha][v:\beta] = C\alpha C\beta + \vec{v}C\alpha S\beta + \vec{u}S\alpha C\beta + \vec{u}\vec{v}S\alpha S\beta$$
자! 이것과 똑같은 식을 2개 더 만들어 보겠습니다.

 그게 가능해요?
아무리 봐도 더 이상은 변형시킬게 없을 거 같은데...

 $\vec{u}$, $\vec{v}$ 는 단위벡터죠?

 네.

 두 벡터를 내적하면 사잇각의 cosine값이 나옵니다.

 네. 배워서 알아요.

그리고 그 사잇각을 이용해서 형태가 다른 두 식을 만들 수 있답니다.

 오호. 그런데 어떻게요?

 자! 이제부터 그 부분에 관해서 공부를 해볼 겁니다.
이 부분을 정확히 이해하신다면 구면각수의 곱을 확실하게 이해하실 수 있습니다.

사잇각이 $\theta$인 두 단위벡터 $\vec{u}$와 $\vec{v}$가 있다고 합시다.

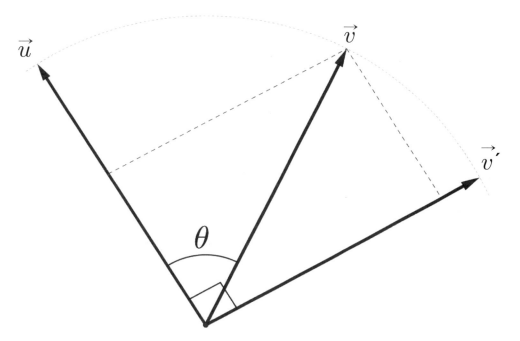

당연히 사잇각의 cosine은 두 벡터의 내적이겠죠?

네네! 그 정도는 이제 다 알아요.

 여기서 $\vec{v}$를 사잇각을 이용하여 둘로 쪼개봅시다.

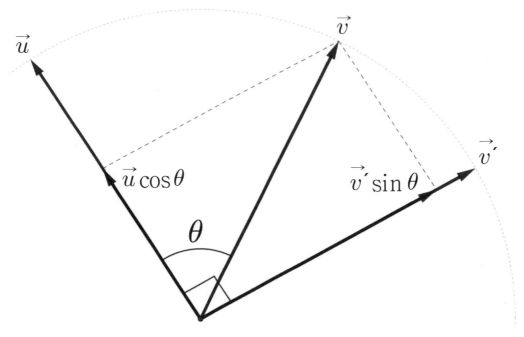

 $\vec{v} = \vec{u}\cos\theta + \vec{v'}\sin\theta$ 로 분해되는군요?

 오호. 이제 벡터 분해도 할 줄 알고 대단한데요?

 뭘! 이 정도 가지고... 쑥스러워요.

잘하시니까 기분이 좋네요.

여기에서 $\vec{u}$가 회전각 30°을 가지고 있다고 하면,

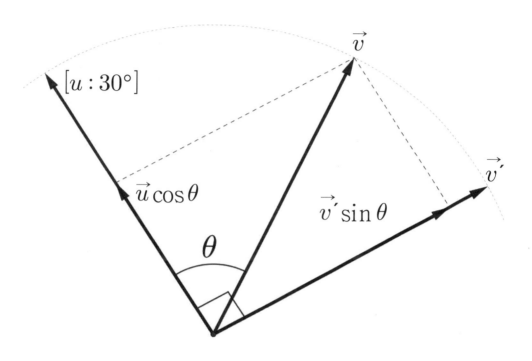

$[u:30°]$와 $\vec{u}\cos\theta$는 같은 종류의 각수이기 때문에
이차원 평면에서와 같은 곱셈이 발생합니다.

 앗! 알겠어요.

$[u:30°]$하고 $\vec{v'}\sin\theta$를 곱하게 되면
$\vec{v'}_{u,30°}\sin\theta$가 되는 거죠?

즉 $\vec{u}$를 축으로 해서 $\vec{v'}$를 30° 회전한 벡터요.

 오! 정확해요. 뿌듯한데요.

자! 한번 보시죠.

$[u:30°]$와 $\vec{u}\cos\theta$ 을 곱한 것은 $[u:30°][u:90°]\cos\theta$ 이고 같은 공간에 있는 각수이기 때문에 이차원에서처럼 각끼리 더해주면 되고, $\cos\theta$가 곱해져 있기 때문에 최종적으로 $[u:120°]\cos\theta$이 됩니다.

이차원 평면에서 했던 거하고 완전히 똑같네요.

그렇죠. 그리고 이 각수를 풀어서 써보면,

$\cos120°\cos\theta + \vec{u}\sin120°\cos\theta$가 돼요.

여기에서 정말정말 조심해야 하는 할 내용이 있습니다.

$[u:30°]\vec{v}$의 최종 결과는

$\cos120°\cos\theta + \vec{u}\sin120°\cos\theta + \vec{v}'_{u,30°}\sin\theta$인데

곱의 결과에 있는 벡터를 구할 때, 결과 식에 있는

두 벡터를 바로 합성하시지 않는 것이 좋아요.

왜냐하면 구면각수의 곱에서는 회전각을 먼저 구하고 그 회전각의 $\sin$값으로 벡터부분을 묶은 후에 벡터부분을 합성해 주는 것이 훨씬 **직관적**이기 때문입니다.

합성의 결과는 $\vec{u}$가 회전축이기 때문에 $\vec{u}$와 $\vec{v}$를 잇는 직선으로부터 반시계방향으로 $30°$ 회전한 위치에 곱의 벡터가 존재하게 됩니다.

이번에는 $\vec{v}$도 회전각을 가지고 있고 반대로 $\vec{u}$를 분해를 해봅시다.

다음 식 $(\cos 30° + \vec{u}\sin 30°)[v : 60°]$에서 $\vec{u}$를 두 개의 벡터로 분리하여 식을 정리해 봅니다.

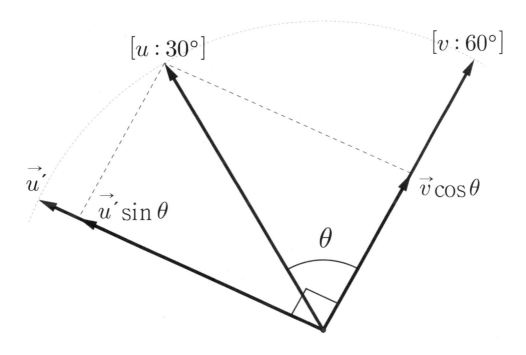

$\{\cos 30° + \sin 30°(\vec{u'}\sin\theta + \vec{v}\cos\theta)\}[v : 60°]$를 정리해서

$(\cos 30° + \vec{v}\sin 30°\cos\theta + \vec{u'}\sin 30°\sin\theta)[v : 60°]$로 두고서 한번 봅시다.

먼저 $(\cos 30° + \vec{v}\sin 30°\cos\theta)[v : 60°]$는 $\vec{v}$들의 곱이기 때문에 최종적으로 실수와 $\vec{v}$로 정리됩니다.

$\vec{u'}\sin 30°\sin\theta\,[v:60°]$는 곱의 위치를 바꿉니다.

$[v:-60°]\vec{u'}\sin 30°\sin\theta$

곱의 위치를 바꾸면 벡터부분의 부호가 바뀝니다.

각수 형태일 때는 각의 부호만 바꿔주면 됩니다.

그리고 이 식은 $\vec{v}$를 축으로 해서

$\vec{u'}\sin 30°\sin\theta$를 $-60°$만큼 회전시킨 것입니다.

그리고 그 크기가 어떠하다 할지라도 $\vec{v}$를 축으로 해서 $-60°$만큼 회전한 위치에 곱의 벡터가 생깁니다.

 다시 정리하면 두 벡터의 회전각만큼 각각의 방향으로 회전해서 만나는 곳에 두 벡터의 곱이 존재한다는 것입니다.

$\vec{u'}\sin 30°\sin\theta\,[v:60°]$에서 **한쪽이 벡터이고 한쪽이 각수인 경우**, 각수의 부호만 바꿔주는 것을 한번 살펴봅시다.

일단 $\sin 30°\sin\theta$는 실수이기 때문에 생략하겠습니다.

$$\vec{u'}\,[v:60°]=\vec{u'}(\cos 60°+\vec{v}\sin 60°)$$

$$=\vec{u'}\cos 60°+\vec{u'}\vec{v}\sin 60°$$

$\vec{u'}$와 $\vec{v}$는 수직인 벡터입니다.

따라서 위치를 바꿔서 곱하게 되면 부호가 바뀝니다.

$$\vec{u}\,'[v:60°] = \vec{u}\,'\cos 60° - \vec{v}\vec{u}\,'\sin 60°$$

$$= (\cos(-60°) + \vec{v}\sin(-60°))\vec{u}\,'$$

$$= [v:-60°]\vec{u}\,'$$

이 됩니다.

수직인 관계의 각수와 벡터의 곱은 위의 식처럼 바꿔 써도 됩니다.
은근 많이 쓰이기 때문에 알아두시면 도움이 꽤 됩니다.

 평면이라 그런지 상상이 잘 안됩니다.
상상이 잘 안되기 때문에 이해하기가 조금 힘들어요.
공간 모형으로 해주실 수 없나요?
공간 모형으로 해주시면 이해가 갈 것도 같은데요.

 알겠습니다.
그럼 구면으로 설명을 해드리겠습니다.

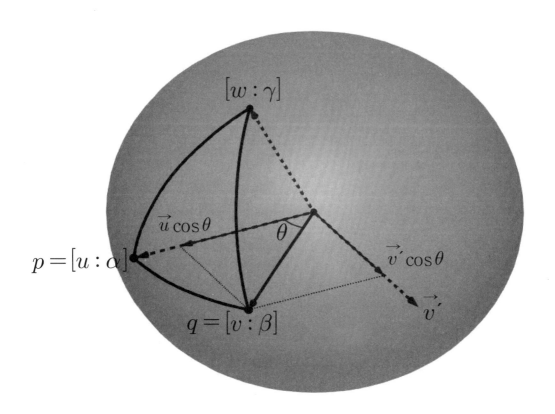

구면 위에 각수 $p = \cos\alpha + \vec{u}\sin\alpha = [u:\alpha]$와
각수 $q = \cos\beta + \vec{v}\sin\beta = [v:\beta]$가 있고, $[u:\alpha]$에 수직인 $\vec{v'}$가 있습니다.
곱의 첫 번째는 이미 소개한대로 다음과 같습니다.

$$[u:\alpha][v:\beta] = C\alpha C\beta + \vec{v}C\alpha S\beta + \vec{u}S\alpha C\beta + \vec{u}\vec{v}S\alpha S\beta$$
$$= [w:180° - \gamma]$$

여기서 $\alpha$, $\beta$, $\gamma$는 **구면삼각형의 내각**입니다.
보통은 구면삼각형의 내각을 **기본 회전각**으로 하겠습니다.

곱의 두 번째는 $\vec{v}$를 $\vec{u}\cos\theta$와 $\vec{v'}\sin\theta$의 위 그림처럼 두 벡터로 분리합니다.

$[v:\beta] = \cos\beta + \sin\beta(\vec{u}\cos\theta + \vec{v'}\sin\theta)$ 처럼 됩니다.

곱의 결과는

$[u:\alpha](\cos\beta + \vec{u}\sin\beta\cos\theta) + [u:\alpha]\vec{v'}\sin\beta\sin\theta$

첫 번째 항은 그대로 곱해줍니다.

$(\cos\alpha + \vec{u}\sin\alpha)(\cos\beta + \vec{u}\sin\beta\cos\theta)$
$= (\cos\alpha\cos\beta - \sin\alpha\sin\beta\cos\theta)$
$\quad + \vec{u}(\sin\alpha\cos\beta + \cos\alpha\sin\beta\cos\theta)$

 이번엔 두 번째 항을 곱해봅니다.

$[u:\alpha]\vec{v'}\sin\beta\sin\theta$ 이 식은 $\vec{u}$을 축으로 $\vec{v'}\sin\beta\sin\theta$를 반시계 방향으로 $\alpha$만큼 회전한 벡터입니다.

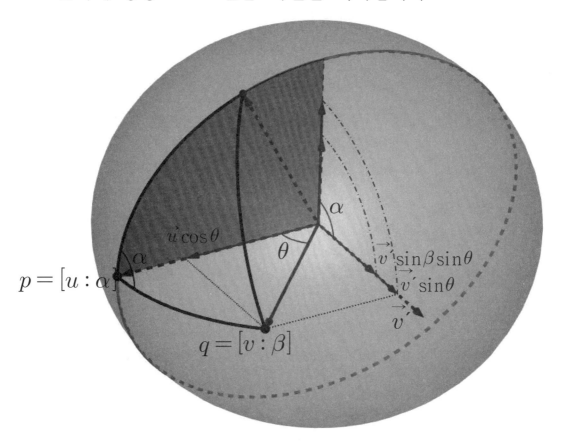

이때 $\vec{u}$를 축으로 해서 모두 $\alpha$만큼 회전합니다.

곱한 결과는 다음과 같은 형태입니다.

$$x\vec{u} + y\vec{v'}_{u,\alpha} \sin\beta\sin\theta \text{ ($x$와 $y$는 적절한 실수 값)}$$

결국 위의 두 벡터의 합성은 $\theta$각이 포함된 평면이 $\alpha$만큼 회전한 평면에 존재한다는 것이죠.

비슷하게 각수 $[v:\beta]$도 $\vec{v}$를 축으로 해서 시계방향으로 $\beta$만큼 회전한 평면에 그 합성벡터가 존재하게 됩니다.

그리고 합성한 벡터의 크기가 1이라면 구면 위에 두 벡터의 곱이 존재하게 됩니다.

 다시 말하자면 각수 $p$에서 $\vec{u}$를 축으로 하여 반시계방향으로 $\alpha$만큼 회전한 $\vec{v}$와, 각수 $q$에서 $\vec{v}$를 축으로 하여 시계방향으로 $\beta$만큼 회전한 $\vec{u}$가 만나는 점이 각수 $pq$의 곱입니다.

이제 두 벡터 곱의 결과에서 벡터부분의 크기가 1인 것을 확인해봅시다.

다시 두 번째 형태의 식을 다시 보겠습니다.

$$[u:\alpha](\cos\beta+\vec{u}\sin\beta\cos\theta)+[u:\alpha]\vec{v'}\sin\beta\sin\theta$$

위 식의 첫 번째 항을 다시 전개해 보겠습니다.
$$(\cos\alpha+\vec{u}\sin\alpha)(\cos\beta+\vec{u}\sin\beta\cos\theta)$$
$$= (\cos\alpha\cos\beta-\sin\alpha\sin\beta\cos\theta)$$
$$\quad +\vec{u}(\sin\alpha\cos\beta+\cos\alpha\sin\beta\cos\theta)$$

결과 식의 $\cos\alpha\cos\beta-\sin\alpha\sin\beta\cos\theta$의 항을 $\cos t$라 놓고 정리합니다.

$$\cos\alpha\cos\beta-\sin\alpha\sin\beta\cos\theta = \cos t$$
$$\cos t + \sqrt{1-\cos^2 t}\left(\frac{\sin\alpha\cos\beta+\cos\alpha\sin\beta\cos\theta}{\sqrt{1-\cos^2 t}}\vec{u}\right)$$

두 번째 항인 $[u:\alpha]\vec{v'}\sin\beta\sin\theta = \vec{v'}_{u,\alpha}\sin\beta\sin\theta$도 추가하여 벡터부분만 정리합니다.

$$\frac{\sin\alpha\cos\beta+\cos\alpha\sin\beta\cos\theta}{\sqrt{1-\cos^2 t}}\vec{u} + \frac{\vec{v'}_{u,\alpha}\sin\beta\sin\theta}{\sqrt{1-\cos^2 t}}$$

이제 $\vec{u}$부분의 계수와 $\vec{v'}$부분의 계수의 제곱의 합이 분모의 제곱과 같다면 이 합성벡터의 크기는 1이 되고, 구면 위에 한 점을 갖는 벡터가 됩니다.

우~! 왠지 식이 꽤 길어질 거 같아요.

 그렇죠! 그래도 확인은 해야죠.

$$\cos^2 t = (\cos\alpha\cos\beta - \sin\alpha\sin\beta\cos\theta)^2$$
$$= \cos^2\alpha\cos^2\beta + \sin^2\alpha\sin^2\beta\cos^2\theta - 2C\alpha S\alpha C\beta S\beta C\theta$$

을 이용하여 $1 - \cos^2 t$를 나타내면

$1 - \cos^2\alpha\cos^2\beta - \sin^2\alpha\sin^2\beta\cos^2\theta + 2C\alpha S\alpha C\beta S\beta S\theta$ 처럼
되고 공통분모가 됩니다.

분자를 제곱해서 더하면
$$\sin^2\alpha\cos^2\beta + \cos^2\alpha\sin^2\beta\cos^2\theta + 2C\alpha S\alpha C\beta S\beta C\theta$$
$$+ \sin^2\beta\sin^2\theta$$

여기에서 분자와 분모를 같다고 놓고 정리했을 때 $1$이 나
오면 되기 때문에 정리해보면

$$C^2\alpha C^2\beta + S^2\alpha C^2\beta + S^2\beta S^2\theta + S^2\alpha S^2\beta C^2\theta + C^2\alpha S^2\beta C^2\theta = 1$$

어디서 본 적 있나요?

 이렇게 긴 식이라면, 뭐였지?
아! '**구면 피타고라스 정리**'요.
합성의 결과가 $1$이니까 구면 위에 벡터가 생기겠네요.

 네! 맞습니다.

세 번째 형태의 식은 $\vec{u}$를 두 개의 벡터로 분리해서 설명하는 것이기 때문에 추가로 설명하지는 않겠습니다.

직각인 경우 자리를 바꿔줄 때 부호만 바꾼 것을 제외하면 두 번째 식과 사용하는 방법은 똑같습니다.

부호를 바꿨기 때문에
반대방향으로 회전을 한다고 생각하시면 됩니다.

결론적으로 두 구면각수에 있는 회전각만큼 회전해서 만나는 교점이 두 구면각수의 곱의 위치가 됩니다.

그리고 세 직선으로 이루어진 삼각형이 바로 구면 삼각형이 됩니다.

 두 벡터 곱의 각도는 두 벡터의 회전각을 더한 개념을 갖습니다. 그래서 곱 벡터의 외각으로 나타납니다. 하지만 구면위에서의 각이라 정확히 두 회전각을 더한 값으로 나타나지는 않습니다.

$\cos\alpha\cos\beta - \sin\alpha\sin\beta\cos\theta$ 식에서

사잇각 $\theta$가 아주 작아진다면 세 삼각형은 평면에 위치한 삼각형과 같은 조건이 되어서 각각의 회전각의 합이 구면 삼각형에서 곱 벡터의 외각($\alpha + \beta$)과 일치합니다.

이런 특징 때문에 곱 벡터의 내각을 $\gamma$ 라고 하면 곱 벡터의 실수부분은 $180° - \gamma$의 cosine값이 됩니다.

그리고 실제 곱의 결과는

$$\cos(180° - \gamma) + \vec{w}\sin(180° - \gamma) = -\cos\gamma + \vec{w}\sin\gamma$$

의 형태로 나타납니다.

 여기에서 회전각을 제외한 벡터부분을 $\vec{w}$라 하면 새로운 단위각수는 $r = \cos\gamma + \vec{w}\sin\gamma = [w:\gamma]$가 됩니다.

위의 단위각수는 곱의 결과가 아니라 곱의 결과에서 얻은 새로운 구면각수입니다.

정리를 해보면, $[u:\alpha][v:\beta] = [w:180° - \gamma]$가 됩니다. 그렇다면 $[w:\gamma][u:\alpha]$은 어떤 값이 나올까요?

 같은 방식이라면 $[v:180° - \beta]$ 아닌가요?

 맞습니다.

실제로 새롭게 만들어진 구면각수의 벡터와 곱하기 전의 벡터들을 내적을 하여 사잇각을 구하고 구면 코사인(spherical cosine)정리에 의해 $\vec{w}$의 구면각을 구해보면 두 각수의 곱의 결과에 의해서 구해진 $\gamma$와 정확히 일치합니다.

우아! 진짜 똑같아요!

 그렇죠.
단위각수의 곱에서는 결과 값의 크기도 항상 1이 됩니다.
그리고 실수부분은 항상 cosine값으로 나타납니다.

 뒤에 있는 벡터와의 합성까지 고려하면 벡터부분의 크기도
항상 1이 되는군요.

 맞아요. 구면각수의 곱을 제대로 이해하셨네요.

이번에는 임의의 벡터를 축으로 공간상의 한 벡터를 회전 시킴으로써 회전된 새로운 위치 벡터를 구해보도록 하겠습니다.

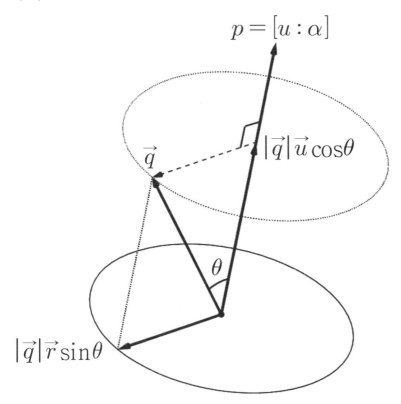

여기서 $\vec{u}$, $\vec{r}$은 모두 단위벡터입니다.

$\vec{r}$은 $\vec{u}$와 수직이면서 $\vec{u}$와 $\vec{q}$의 평면에 존재합니다.

$\vec{u}$를 축으로 하여 $\vec{q}$를 $\alpha$만큼 회전시키려고 합니다.

먼저 $\vec{u}$를 $[u:\alpha]$로 하고, $\vec{q}$를 두 벡터로 분리합니다.

$$\vec{q} = |\vec{q}|(\vec{u}\cos\theta + \vec{r}\sin\theta)$$

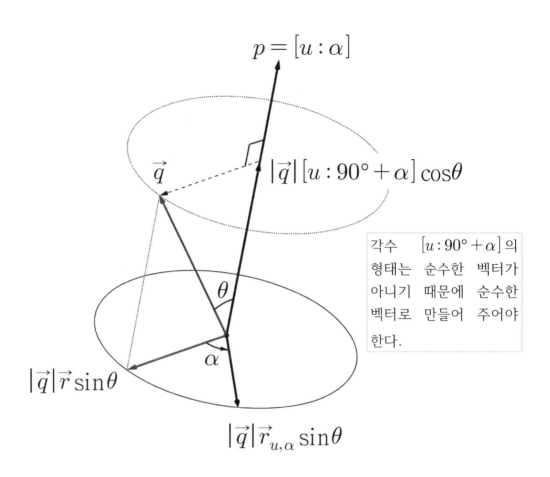

$$p = [u : \alpha]$$

$$\vec{q}$$

$$|\vec{q}| [u : 90° + \alpha] \cos\theta$$

각수 $[u : 90° + \alpha]$ 의 형태는 순수한 벡터가 아니기 때문에 순수한 벡터로 만들어 주어야 한다.

$$\theta$$

$$\alpha$$

$$|\vec{q}| \vec{r} \sin\theta$$

$$|\vec{q}| \vec{r}_{u,\alpha} \sin\theta$$

그리고 $[u : \alpha]$ 를 앞쪽에 곱하면

$$|\vec{q}| [u : \alpha](\vec{u}\cos\theta + \vec{r}\sin\theta)$$
$$= |\vec{q}| ([u : \alpha]\vec{u}\cos\theta + [u : \alpha]\vec{r}\sin\theta)$$
$$= |\vec{q}| ([u : 90° + \alpha]\cos\theta + \vec{r}_{u,\alpha}\sin\theta)$$

위에서 $[u : 90° + \alpha]\cos\theta + \vec{r}_{u,\alpha}\sin\theta$ 항의 합성벡터가 새로운 단위벡터가 됩니다.

앞쪽 항의 회전각이 $90°$ 가 아닌 구면각수이기 때문에 합성을 하여 원하는 벡터를 얻을 수 없습니다.

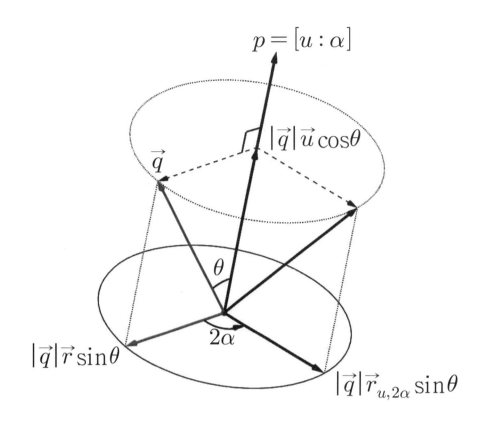

$$p = [u : \alpha]$$

$$|\vec{q}|\vec{u}\cos\theta$$

$$\vec{q}$$

$$\theta$$

$$2\alpha$$

$$|\vec{q}|\vec{r}\sin\theta$$

$$|\vec{q}|\vec{r}_{u,2\alpha}\sin\theta$$

 여기서 $[u:-\alpha]$를 앞쪽 또는 뒤쪽에 곱할 수 있습니다.

하지만 앞쪽에 곱해주면 회전의 의미가 사라집니다.

그래서 뒤쪽에 곱해서 회전각을 $90°$로 만들어 줍니다.

$$|\vec{q}|([u:90°+\alpha]\cos\theta + \vec{r}_{u,\alpha}\sin\theta)[u:-\alpha]$$

위 식을 전개하면 앞쪽 항은 $[u:90°] = \vec{u}$가 됩니다.

뒤쪽 항의 $\vec{r}_{u,\alpha}$는 $\vec{u}$에 대하여 수직이기 때문에

$\vec{r}_{u,\alpha}[u:-\alpha] = [u:\alpha]\vec{r}_{u,\alpha}$처럼 쓸 수 있고

등식 오른쪽의 곱은 $\vec{u}$를 축으로 해서 $\vec{r}_{u,\alpha}$를 $\alpha$만큼 회전

하는 것이 됩니다.

결국 $2\alpha$ 회전한 $\vec{r}_{u,2\alpha}$ 이 됩니다.

이제 곱한 결과를 최종적으로 정리하면
$|\vec{q}|(\vec{u}\cos\theta + \vec{r}_{u,2\alpha}\sin\theta)$가 되어 $2\alpha$ 회전한 벡터가 구해집니다.

원래 목적은 $\alpha$만큼 회전한 벡터를 구하는 것이기 때문에 $\alpha$만큼 회전한 벡터를 구하고 싶다면

$\alpha$ 대신 $\dfrac{\alpha}{2}$를 대입해서 회전을 시키면 됩니다.

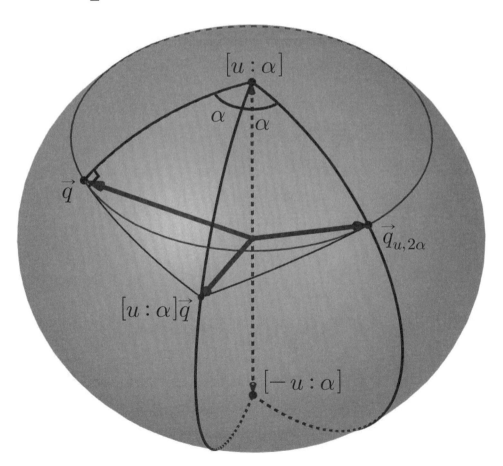

지금까지의 과정을 구면을 이용해서 나타내 보았습니다.
$[u:\alpha]\vec{q}$는 $[u:\alpha]$와 $\vec{q}$의 곱의 결과로써
그림처럼 회전하고자 하는 원 위에 나타나지 않습니다.
왜냐하면 $\vec{q}$의 회전각이 $90°$이기 때문입니다.
그리고 구면 벡터의 곱에서 $[-u:\alpha]$는 $[u:-\alpha]$와 같은
결과를 가져오는 각수로 $[u:\alpha]\vec{q}$와 곱해지면 아래쪽의
구면삼각형을 만듭니다.
앞에서 구면각수의 곱을 정확히 이해하셨다면
충분히 알 수 있을 거라 생각합니다.

 우아!
이 내용대로라면 어떤 벡터든지 축이 될 수 있겠네요?

 네! 축에 대한 회전은 컴퓨터에서 삼차원 그래픽을 할 때
꼭 사용하는 방법입니다.
알아두시면 삼차원 그래픽을 할 때 큰 도움이 됩니다.

 알겠습니다.

## 13장 다양한 도형 그리기

입체에서 다양한 도형을 만들기 위해서 알아두면 좋은 성질이 있어서 소개해 드리려 합니다.

축을 중심으로 한 회전을 이용한다면, 다양한 평면도형 또는 입체도형을 만들 수 있답니다.

이것을 살짝 응용하여,

각수 $[u:90°]$와 $[v:90°]$가 있을 때, 각수의 단위벡터부분을 이용하여 $\vec{u}\vec{v}$ 평면에서 $\vec{u}$에 수직인 벡터를 구할 수 있습니다.

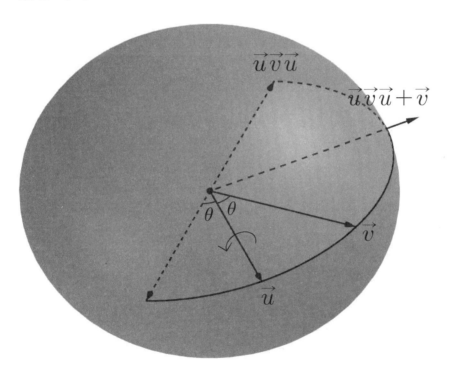

$\vec{u}\vec{v}\vec{u}$와 $\vec{v}$를 합성한 후에 크기로 나눠주면 구면 단위벡터가 됩니다.

이 벡터는 $\vec{u}$벡터와 항상 수직입니다.

 설명 들어갑니다.

처음 $\vec{u}$와 $\vec{v}$는 모두 회전각이 90°이기 때문에 두 벡터에 대하여 수직인 각수 $\vec{u}\vec{v}$가 생기고 이 각수에 대한 단위벡터를 $\vec{w}$라고 합시다.

$\vec{w}$의 회전각은 $\vec{u}$와 $\vec{v}$의 사잇각에 대한 외각입니다.

사잇각을 $\theta$라 하면

$$-\cos\theta + \vec{w}\sin\theta$$
$$= \cos(180° - \theta) + \vec{w}\sin(180° - \theta)$$

이 수의 현재 회전각은 $180° - \theta$입니다.

다시 이 각수를 $\vec{u}$와 곱하면,

$\vec{u}$를 180°회전시킨 후에 $\theta$만큼 **반대로** 회전합니다.

그러면 $\vec{v}$와 $\vec{u}\vec{v}\vec{u}$의 사잇각은 $180° - 2\theta$이고 절반은 $90° - \theta$, 그리고 이각을 $\vec{u}$의 입장에서 보면 90°차이가 나는 거죠.

 살짝 복잡하기는 한데 이해는 갑니다.

음... $\vec{u}$를 축으로 한 $\vec{v}$의 회전으로 보아도 되지 않을까요? 그 다음엔...

흠. 예리하시군요.

맞습니다. 벡터는 회전각이 $90°$이기 때문에 $\vec{u}\vec{v}(-\vec{u})$는 $\vec{u}$를 축으로 $\vec{v}$를 $180°$회전한 것입니다.

거기에 '$-$'만 추가해주면 때문에 $\vec{u}\vec{v}\vec{u}$와 같아집니다.

추가적으로 두 벡터의 내적을 이용해서 수직인 벡터를 구하는 과정은 평면벡터에서부터 보아 왔습니다.

이제 임의의 각도에 대해서 회전한 벡터, 직각인 벡터, 곱의 벡터 등을 활용하면
다양한 형태들의 도형을 그려보실 수 있습니다.

삼차원에 관련된 적당한 어플로 직접 확인해보시면서 공부를 하셔야 확실하게 공간에 관한 내용을 이해하실 수 있습니다.

어플은 무엇을 쓰나요?

무료 프로그램인 Geogebra를 쓰면 됩니다.
다음은 Geogebra에서 벡터를 이용해 입체도형을 만드는 과정을 소개하겠습니다.

다음의 모든 도형은 **두 개의 벡터**로부터 만들어집니다.

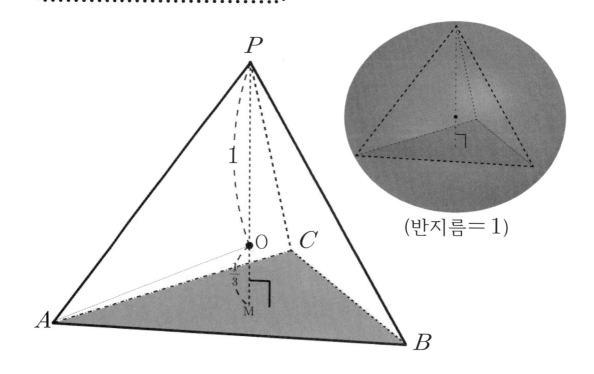

(반지름＝1)

$\overrightarrow{OP}$ 크기의 $1/3$을 $-\overrightarrow{OP}$ 에 곱해서 $\overrightarrow{OM}$ 을 구합니다.
$M$ 에서 $A$ 까지의 길이를 구합니다.

$\overrightarrow{OP}$ 에 수직인 단위벡터를 구하고 $120°$씩 회전시켜서 2
개의 벡터를 더 구합니다.

회전한 3개의 단위벡터에 $\overline{MA}$ 의 크기를 곱하여 $\overrightarrow{OM}$ 과
각각 합성하여 구면상에 있는 정사면체의 점을 모두 구하
고 점을 연결하면 **정사면체**가 됩니다.

※ 이해를 돕기 위해 네이버 블로그(\bsbs0369)에 과정을
올려놓을 예정이며 유튜브 강의를 할 예정입니다.
유튜브는 '초강'을 검색해서 영상을 찾으십시오.

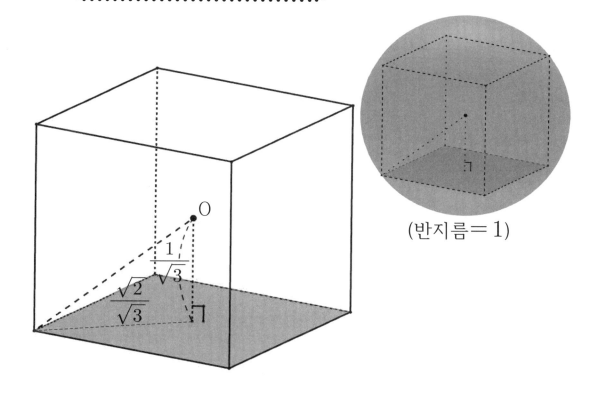

# 정육면체 그리기

(반지름＝1)

두 벡터를 이용하여 수직인 단위벡터를 하나 만듭니다.
그 벡터를 90°씩 3번 회전시켜 4개의 벡터를 만듭니다.

4개의 벡터에 $\dfrac{\sqrt{2}}{\sqrt{3}}$ 을 각각 곱합니다.

4개의 회전된 벡터와 축의 벡터에 $\pm\dfrac{1}{\sqrt{3}}$ 을 곱한 벡터를

각각 합성하여 8개의 벡터를 만듭니다.
벡터들의 꼭짓점을 연결하면 **정육면체**가 됩니다.

**팔면체**는 간단하기 때문에 생략합니다.

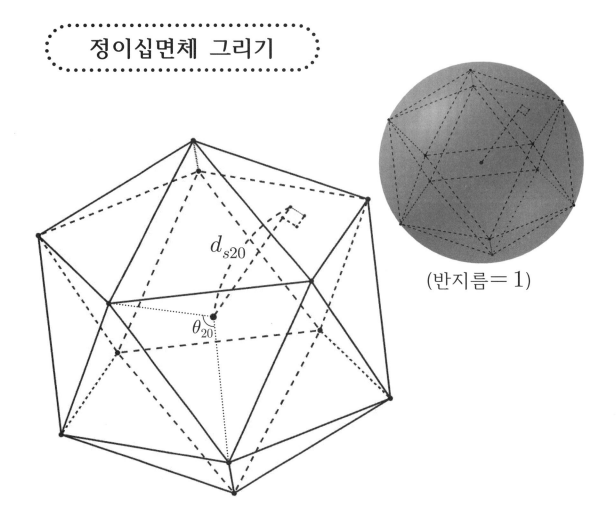

(반지름＝1)

 반지름이 1인 구의 중심에서 이십면체의 면에 이르는 거리를 구해봅시다.

꼭짓점의 구면에 만들어지는 $72°$를 **구면코사인 법칙**에 적용시켜서 구의 중심에 만들어지는 각을 $\theta_{20}$라 할 때,

$\cos\theta_{20} = \cos^2\theta_{20} + \sin^2\theta_{20}\cos 72°$가 됩니다.

계산한 결과 식은 다음과 같습니다.

$$\cos\theta_{20} = \frac{\cos 72°}{1 - \cos 72°} = \frac{1}{\sqrt{5}} \Leftarrow \cos 72° = \frac{\sqrt{5}-1}{4}$$

여기서 정이십면체의 한 변의 길이($a$)를 구하면,

$$a = \sqrt{\dfrac{10 - 2\sqrt{5}}{5}}$$

정삼각형의 꼭짓점에서

면의 중심까지의 거리($d_t$)를 구합니다.

$$d_t = \sqrt{\dfrac{10 - 2\sqrt{5}}{15}}$$ 를 이용하여 구의중심에서 면에 이르

는 거리($d_{s20}$)를 구합니다.

$$d_{s20} = \sqrt{\dfrac{5 + 2\sqrt{5}}{15}}$$ 와 $d_t$를 이용하여 정이십면체를 구

면위에 그릴 수 있습니다.


두 벡터 $\vec{p}$, $\vec{q}$를 이용하여 $\vec{p}$에 대해 수직인 벡터를 만들고

그 벡터를 72°씩 회전하여 5개의 벡터를 만듭니다.

사잇각 $\cos\theta_{20}$을 이용하여 구한 $\sin\theta_{20}$을 5개의 벡터에

각각 곱해줍니다.

$\vec{p}\cos\theta_{20}$와 5개의 벡터와 각각 합성하여 5개의 벡터를 만

듭니다.

그리고 축과 5개의 벡터에 대해 원점 대칭이 되는

벡터 6개를 만듭니다.

꼭짓점들을 연결하면 **정이십면체**가 됩니다.

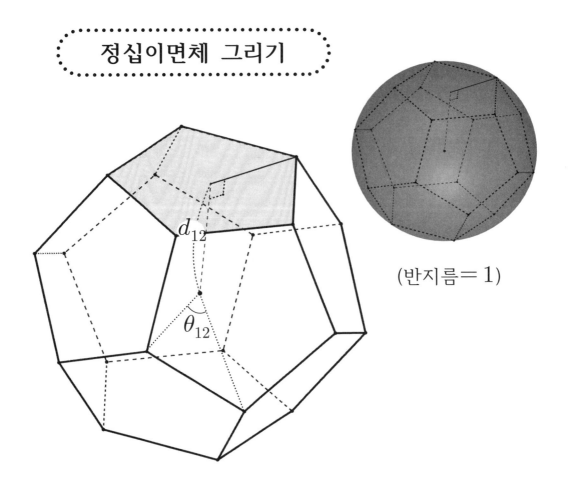

(반지름＝1)

 정이십면체에서 정십이면체의 중심 사잇각을 구합니다.

$$\cos\frac{\theta_{12}}{2} = \frac{\sqrt{15}+\sqrt{3}}{6} \Rightarrow \cos\theta_{12} = \frac{\sqrt{5}}{3}$$ 를 구합니다.

정오각형의 한 변의 길이는 $\dfrac{\sqrt{15}-\sqrt{3}}{3}$ 입니다.

$\sin 36° = \dfrac{\sqrt{10-2\sqrt{5}}}{4}$ 를 이용하여

정오각형의 꼭짓점에서 면의 중심까지의 거리를 구합니다.

$$d_p = \sqrt{\frac{10 - 2\sqrt{5}}{15}}$$

중심에서 면에 이르는 거리를 구하면,

$$d_{12} = \sqrt{\frac{5 + 2\sqrt{5}}{15}}$$

 단위구면 위에 두 개의 벡터를 만들고,
두 벡터를 이용하여 수직인 벡터를 만듭니다.
그리고 수직인 벡터를 $72°$씩 회전하여
5개의 벡터를 만듭니다.

회전축이 되는 벡터에 $d_{12}$를 곱합니다.
5개의 회전한 벡터에 $d_p$를 곱하고
각각의 벡터를 $d_{12}$를 곱한 축벡터와 합성하여
구면위에 5개의 점을 구합니다.

정오각형의 한 꼭짓점 $p_1$과 그 꼭짓점에 이웃하는 꼭짓점
$p_2$, $p_5$를 이용해 벡터 $3\vec{p_1}\cos\theta_{12} - \vec{p_2} - \vec{p_5}$를 구합니다.
같은 방법으로 나머지 정십이면체의 점 4개를 구합니다.

10개의 점에 대해 원점 대칭되는 점을 10개 구합니다.
점들끼리 연결하면 **정십이면체**가 완성됩니다.

구면각수를 이용하면 구면에 관한 여러 가지 정리들을 확인해 볼 수 있고 구면에 관한 성질들을 쉽게 이해할 수 있습니다.

 구면에 관한 것은 지구본이나 축구공을 보는 것이 전부였는데 이렇게까지 깊이 있게 생각한 건 처음이에요.
이번에 구면각수를 배우면서 구면에 대해서 좀 더 알게 되어서 꽤 유용했어요.

 구면각수를 응용해서 정육면체, 정팔면체와 같은 도형들의 꼭짓점의 위치도 직접 구해서 한번 그려보도록 하세요.

구면각수에 관한 부분을 잘 이해해 두시면
초기하 관련 수들을 공부할 때 역시 도움이 됩니다.

 또 다른 수가 있나요?

 예. 아직 발견되지 않은 수도 있고 발견은 했으나 제대로 된 용도를 모르는 경우도 있고요.

 수의 세계는 끝이 없군요.

 뭐! 그렇다고 할 수 있죠.
하지만 이 책에서 소개하는 수에 관한 내용만 알고 있어도 수에 대해 꽤 잘 알고 있다고 할 수 있답니다.

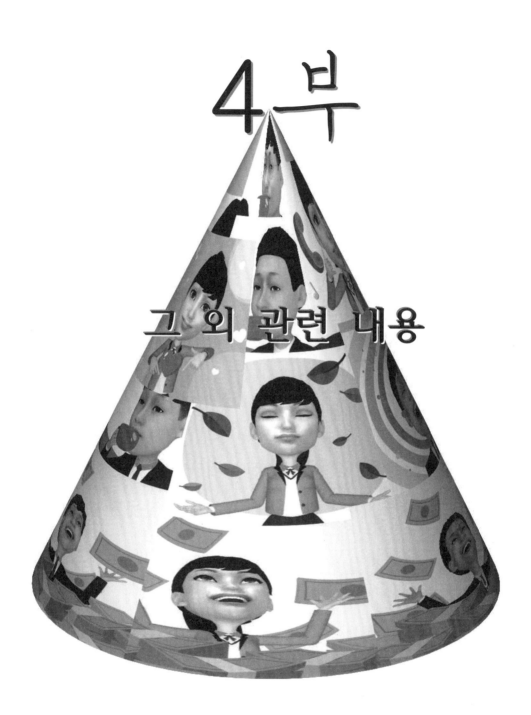

4부

그 외 관련 내용

## $i = \sqrt{-1}$ 은 잘못된 표기입니다

 지금까지 이 책을 읽으시고 각수와 벡터에 대해서 충분히 이해하셨다면 $i = \sqrt{-1}$ 이라는 표기에 문제점이 있다는 것을 어렵지 않게 생각하실 수 있을 겁니다.

$i^2 = j^2 = k^2 = \vec{u}^2 = -1$ 입니다.

그렇기 때문에

단위벡터인 $j$ 또는 $k$ 도 $j = \sqrt{-1}$, $k = \sqrt{-1}$ 처럼 나타낼 수 있습니다.

심지어 공간에서 임의의 방향을 나타내는 단위벡터 $\vec{u}$, $\vec{v}$ 와 같은 벡터들 또한 $\vec{u} = \sqrt{-1}$, $\vec{v} = \sqrt{-1}$ 과 같은 방법으로 나타낼 수 있습니다.

이때 같은 크기를 가지고 있다할지라도 방향이 다르면 우리는 다른 물리량으로 받아들입니다.

따라서 $i = \sqrt{-1}$ 이라고 표기하는 것은 잘못된 것입니다.

 영문 위키백과사전을 검색해보면 어디에도 $i = \sqrt{-1}$ 이라고 **직접적**으로 정의하고 있지 않습니다.

$\sqrt{[i : 180°]}$ 라든지, $\sqrt{\cos 180° + k \sin 180°}$ 처럼 쓴다면 표기방법에 대한 혼란을 피할 수 있지 않을까요?

또는 **단순히 $i$ 와 같은 벡터의 형태**를 사용해도 괜찮고요.

조건을 포함한 명제로 참, 거짓을 판단해보겠습니다.

$x = +1$이면 $x^2 = 1$이다. (참)

$x = -1$이면 $x^2 = 1$이다. (참)

$x^2 = 1$이면 $x = +1$이다. (거짓)

$x^2 = 1$이면 $x = +1$ 또는 $x = -1$이다. (참)

$x^2 = 1$을 만족하는

서로 다른 $a$, $b$가 있다고 합시다.

'$x^2 = 1$ 이면 $x = 1$이다.'는 거짓인 명제입니다.

따라서 '$a^2 = 1$이면 $a = 1$이다.'는 거짓입니다.

 $x^2 = -1$을 만족하는

서로 다른 단위벡터는 무수히 많습니다.

그러므로 '$x^2 = -1$이면 $x = \sqrt{-1}$ 이다.'가

참이면 모든 단위벡터는 $\sqrt{-1}$ 이라는 수로써 같습니다.

하지만 **서로 다른 단위벡터가 같을 수는 없습니다.**

그러므로

'$x^2 = -1$이면 $x = \sqrt{-1}$ 이다.'는 거짓이기 때문에

'$i^2 = -1$이면 $i = \sqrt{-1}$ **이다.'는 거짓**입니다.

그러나 $i^2 = j^2 = k^2 = -1$은 옳습니다.

거짓명제에 의해 만들어진 정의는 거짓입니다.

'평면에서는 써도 괜찮지 않을까?'

**절대로 괜찮지 않습니다**.

수학을 공부하다보면 공간에 대한 이해는 필수입니다.

그런데 공간에 대해 다루기 시작하자마자 $i = \sqrt{-1}$ 라는 정의가 발목을 잡습니다.

동쪽이라는 (단위)방향도 제곱을 하면 $-1$입니다.

북쪽이라는 (단위)방향도 제곱을 하면 $-1$입니다.

결국 $i = \sqrt{-1}$ 이라는 정의에 따르면

동쪽과 북쪽은 같아지게 됩니다.

그 순간 수학은 이해할 수 없는 학문이 되어 버립니다.

 또한 $e^{i\theta} = \cos\theta + i\sin\theta$의 항등식이 옳다고 합시다.

그러면 $e^{j\theta} = \cos\theta + j\sin\theta$도 성립합니다.

$e^{\frac{\pi}{2}i} = i$ 이고 $e^{\frac{\pi}{2}j} = j$ 입니다.

밑이 같기 때문에

$$e^{\frac{\pi}{2}i} \times e^{\frac{\pi}{2}j} = e^{\frac{\pi}{2}(i+j)} = e^{\frac{\pi}{2}(j+i)} = e^{\frac{\pi}{2}j} \times e^{\frac{\pi}{2}i}$$ 입니다.

다시 말해서 두 벡터 $ij = ji$ 라는 결론을 가져옵니다.

하지만

**서로 다른 두 벡터의 곱은 교환법칙이 성립하지 않습니다.**

그래서 이 책에서는 **대괄호 연산자**를 사용하여 **각수**를 나타냈습니다.

1) $i = \sqrt{-1}$ (모든 방향이 같다는 조건에서의 정의)

2) $e^{i\theta}$ (동일한 벡터를 가진 각수에서만 성립)

3) $0^0 = 0^{1-1}$ (0으로 나눌 수 없다는 조건에 위배)

4) $1 + 2 + 3 + 4 + \cdots = -\dfrac{1}{12} (\Re)$

('실수부가 1보다 큰 임의의 복소수'라는 조건에 위배)


 3)번의 경우 모든 수는 0으로 나눌 수 없다는 조건에 위배된 식입니다.

이 등식으로부터 '$0^0$은 정의할 수 없다'고 하는 사람들도 있습니다. 하지만 잘못된 식을 통해서 얻은 '$0^0$은 정의할 수 없다'라는 결과가 과연 믿을만한 정의일까요?

그리고 $0^0$을 1이라고 정의하지 않는다면 중등과정에 있는 상수함수(예: $y = 3 \times x^0$)에서 $x$가 0일 때의 값도 정의할 수 없기 때문에 식의 값이 나타나지 않아야 하는데, 누구라도 $x$가 0일 때 $x^0$의 식의 값을 1로 표시하고 있습니다.

'$0^0$은 정의할 수 없다'고 하신 분조차도 상수함수는 스스로 정의한 정의를 따르지 않고 있습니다.

미분과 적분에서도 마찬가지로 $0^0$은 1로 정의되어 있어야 합니다.

편의성을 따지자는 것이 아닙니다.

지수에 대한 정의로부터 $0^0 = 1$이라는 겁니다.

4)번의 경우 잘못된 범위의 값을 대입하여 나온 값이기 때문에 오류입니다.

하지만 일부 사람들은 단지 저 식만 보고서 옳다고 생각할 수도 있기 때문에, 반드시 라마누잔의 합 '($\Re$)'이라는 꼬리표를 달아 두어야 합니다.

라마누잔의 증명과정에서도 오류는 있습니다.

무한대라는 개념을 정확하게 이해하지 못했기 때문에 발생한 오류입니다.


위의 경우와 비슷한 예로 무한의 연분수식을 이용하여 '1 = 2'라는 결과를 만들어 내는 경우도 본 적이 있습니다.

이 결과 또한 무한대와 무한소에 대한 잘못된 이해로 기인한 것이라고 생각합니다.

그렇기 때문에 무한대와 무한소에 대해 다룰 때는 세심하게 신경을 써야 합니다.


잘못된 조건에서의 결과는 늘 엉뚱한 결과를 가져옵니다.

따라서 잘못된 가정을 전제로 한 결과물에 큰 의미를 두지 않았으면 합니다.

가정이나 정의를 무시한 수식을 유튜브와 같은 매체를 통해서 가끔 보곤 합니다.

여러분은 **잘못된 수식**에 현혹되지 않았으면 합니다.


저는 **수학은 명확한 학문**이라고 생각합니다.

명확하기 때문에 수학이 **매력적**인지도 모르겠습니다.

## 천동설? 지동설?

 예전 사람들은 천동설을 진실이라고 생각했고
그때 당시에는 상식이었습니다.
하지만 **'지구가 돌고 있다'**는 **사실이 변하는 건 아닙니다.**
처음 세상에 지동설이 등장했을 때
사람들은 그것을 받아들이는데 많은 시간이 걸렸습니다.

 이 책에서 '$i$는 허수가 아니라 벡터다.'라고 말씀드렸지만
사람들이 이것을 받아들이는데
어쩌면 많은 시간이 필요할지도 모릅니다.

 처음 몇몇 출판사에 '$i$는 $\sqrt{-1}$이 아니다.'라고
말씀드렸을 때
'그 말은 괴변이다.'
'$i$가 $\sqrt{-1}$인 것은 상식이다.'
'이런 내용의 책은 팔리지 않는다.'
'받아줄 출판사가 하나도 없을 거다.'고 하셨습니다.

 이 책의 내용을 다 이해하시고도 여전히
'$i$는 $\sqrt{-1}$이다.'라고 하셔도 상관은 없습니다.
그렇다고 해도 $i$가 벡터라는 사실이 변하는 것은 아닙니다.

 상식도 상식이 아닐 때가 있습니다.
여러분이 믿고 있는 모든 것이 거짓일 수도 있습니다.
진실을 찾는 과정도 삶의 일부가 아닐까요?

## 이차방정식의 해가 무한개?

각수를 통하여 허수가 실제로는 벡터라는 사실을 충분히 인지 하셨을 거라 기대합니다.


벡터는 방향이 다르더라도 단위벡터이기만 하면 제곱이 $-1$이 됩니다.
다시 말해서 이차방정식의 근에 벡터가 포함될 때
그 방정식의 근으로 모든 벡터가 가능합니다.


이제 이차방정식의 근을 세어볼까요?
실근의 경우에는 2개 또는 1개가 있을 수 있습니다.
하지만 벡터가 근이 될 경우의 근의 개수는?


맞습니다.
무한개입니다.


단위벡터는 셀 수 없이 많기 때문에 이차방정식의 근이 벡터인 경우라면 '무수히 많다.'가 정답입니다.


각수의 차원에서
이차방정식의 해의 개수를 살펴보았습니다.

각수에서 잠깐 언급했듯이 수는 무한 확장이 가능합니다.
그중에 각수와 구면각수를 이야기 했고요.
마지막으로 '쌍곡각수'와 '쌍곡면각수'에 대해서 간략하게
내용을 다루어 보도록 하겠습니다.


용어읽기(위키피디아 참조)
hyperbolic sine "sinh" (/sɪntʃ, ʃaɪn/)
하이퍼볼릭 사인, 신취, 쉬아인('쉬아인'은 빠르게 읽는다)
hyperbolic cosine "cosh" (/kɒʃ, koʊʃ/)
하이퍼볼릭 코사인, 카쉬, 코우쉬
hyperbolic tangent "tanh" (/tæntʃ, θæn/)
하이퍼볼릭 탄젠트, 탠취, 땐(윗니와 혀 사이의 마찰음)


개인적으로는 '신쉬', '코쉬', '탄쉬'라고 부르고 싶군요.


그리고 위키 백과사전에 보니까 수의 종류가 많네요.
이 책에서 소개하고 있지 않은 많은 수들이 존재하지만,
일단 가장 중요한 것은 이 책에서 소개하는 수라고 생각합
니다.


이 책에서는 쌍곡각수까지만 다루고 쌍곡면각수는 소개 정
도로만 하겠습니다.

쌍곡선 위에 있는 점의 위치를 나타내기 위해 도입한 수의 개념이 **쌍곡각수**입니다.

쌍곡각수가 그리는 곡면은 포물선과 비슷하다고 생각할 수 있으나, 사실은 완전히 다른 곡선입니다.

실생활 속 여러 분야, 물리, 건축, 컴퓨터 그래픽 등등에서 다양하게 쓰이고 있음에도 불구하고 자주 접하기 힘든 수입니다. 하지만 알아두면 피가 되고 살이 되는 영양가가 많은 중요한 수입니다.

쌍곡각수는 대부분의 연산과정이 각수와 비슷합니다.
기본 연산은 인터넷을 참조하셔도 되지만
여기서 간략하게 소개하겠습니다.

$[\theta]_h$ : 쌍곡각 쎄타

쌍곡각수의 크기가 '1'인 $[\theta]_h = a + bi$가 있다고 할 때, $a = \cosh\theta$로 $b = \sinh\theta$라고 합시다.

켤레쌍곡각수는
$[-\theta]_h = a - bi = \cosh\theta - i\sinh\theta$가 됩니다.

여기서 잠깐,
여기에 쓰이는 $\theta$는 각도가 아닙니다.
실제 각을 나타내지는 않지만 각도처럼 쓰입니다.

음… 그럼 일단 $\theta$가 무엇인지 자세히 알려주세요.

 알겠습니다.

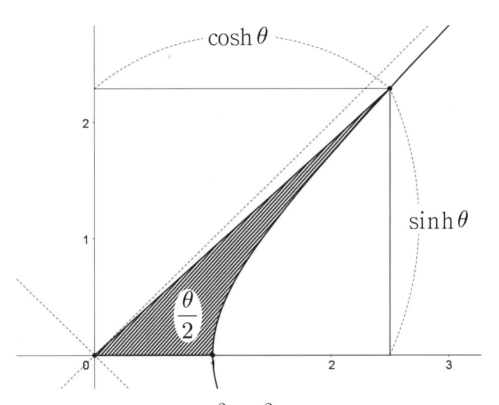

위 그림은 쌍곡선 식 $x^2 - y^2 = 1$의 1 사분면입니다.
$x = \cosh\theta$ 이고 $y = \sinh\theta$ 입니다.
그리고 저기 빗금 친 부분의 넓이의 두 배가 쌍곡각을 나타내는 실수입니다.

 넓이가 각으로 쓰인다는 것은 굉장히 흥미롭군요.

그렇죠. 저 넓이는 적분이라는 연산을 통해서 구할 수 있는데 증명은 부록에 달아 두겠습니다.

인터넷을 참조하셔도 되고요.

앞으로 저 넓이를 쌍곡각이라고 부르겠습니다.

이번에는 기본 성질들을 배워보겠습니다.

여기서 $i$를 **쌍곡벡터**라고 부르겠습니다.

각수에서 배웠던 벡터와 구분하기 위해서 이기도 하고

실제로 실수의 수직방향을 나타내기도 하니까요.

왜 $[\theta]_h = \cosh\theta + i\sinh\theta$를 쌍곡각수라 부르는지

이제부터 확인해 보기로 합니다.

넓이가 각도로 쓰이다 보니 $\theta_1$이라는 넓이와 $\theta_2$라는 넓이를 더하면 $\theta_3$라는 넓이가 됩니다.

$\theta_3 = \theta_1 + \theta_2$ (적분을 통해서 계산해 볼 수 있습니다.)

그래서 쌍곡각수도 곱셈을 할 때 대괄호 안에서는 각수처럼 덧셈이 발생합니다.

그래서 대부분 각수처럼 응용해서 쓰시면 됩니다.

그리고 실제 넓이는 '−'가 없지만 각의 개념이다 보니 '−' 부호도 사용한다는 것은 충분히 이해가 갈 겁니다.

$$\sinh(-\theta) = -\sinh\theta$$
$$\cosh(-\theta) = \cosh\theta$$

그리고 $\theta$자리에 각수를 써도 됩니다.

일단 벡터부분만을 사용해 나타낸다면

$$\sinh\theta = -i\sin(i\theta), \quad \cosh\theta = \cos(i\theta)$$

처럼 쓸 수 있어요

쌍곡각수도 기울기를 나타내는 $\tanh\theta$ 가 있습니다.

각수에서의 tangent와 같은 방법으로 만들어집니다.

$$\tanh\theta = \frac{\sinh\theta}{\cosh\theta}$$

 정말 각수랑 많이 비슷하네요.

 그래서 쌍곡각수라 부르기로 한 겁니다.

이 수에 대해서는 무한급수를 배운 이후에 좀 더 다룰 예정인데 기본적인 특징들은 꼭 익혀 두셔야 하는 중요한 수입니다.

물리 또는 건축에서의 '광속불변의 법칙',

'현수선(Catenary)', '전적선(roulette curve)'과 같은 내용에서 등장하는 수입니다.

 들어본 적이 없어요.

 앞으로 공부를 하시다 보면 많이 듣게 돼요.

자, 이제 마지막 성질을 소개하겠습니다.
$[\alpha + \beta]_h = [\alpha]_h [\beta]_h$를 이용하면,

$$\sinh(\alpha + \beta) = \sinh\alpha\cosh\beta + \cosh\alpha\sinh\beta$$
$$\sinh(\alpha - \beta) = \sinh\alpha\cosh\beta - \cosh\alpha\sinh\beta$$
$$\cosh(\alpha + \beta) = \cosh\alpha\cosh\beta + \sinh\alpha\sinh\beta$$
$$\cosh(\alpha - \beta) = \cosh\alpha\cosh\beta - \sinh\alpha\sinh\beta$$

등을 유도 할 수 있고요.

$$\sinh A + \sinh B = 2\sinh\left(\frac{A+B}{2}\right)\cosh\left(\frac{A-B}{2}\right)$$
$$\sinh A - \sinh B = 2\cosh\left(\frac{A+B}{2}\right)\sinh\left(\frac{A-B}{2}\right)$$
$$\cosh A + \cosh B = 2\cosh\left(\frac{A+B}{2}\right)\cosh\left(\frac{A-B}{2}\right)$$
$$\cosh A - \cosh B = 2\sinh\left(\frac{A+B}{2}\right)\sinh\left(\frac{A-B}{2}\right)$$

를 유도할 수 있어요.

 각수랑 비슷하게 전개되는군요!

 맞아요.

## 유미의 법칙(Yumi's law)

 음... 일단 인터넷 검색해보니
이번에 소개하는 내용은 없는 것 같더군요.
그래서 특별히 부르는 명칭이 없으면 '유미의 법칙'이라고
하겠습니다. '유미'는 저의 누나입니다.


아래 그림에서 점 $A$의 $x$좌푯값을 $n$이라고 하고
쌍곡선과 $x$축이 만나는 꼭짓점을 $p$라고 하겠습니다.
빗금 친 부분의 넓이를 적분 연산을 이용하지 않고 쌍곡선
의 각을 구할 수 있습니다.
물론 arccosh나 arcsinh값을 구할 수 있는 계산기가 있
어야 합니다.

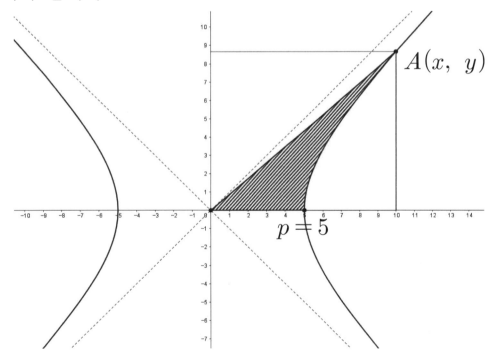

그림과 같은 상황이라면 $\dfrac{5^2}{2}\operatorname{arccosh}\left(\dfrac{10}{5}\right)$ 처럼 구하시면 됩니다.

$\dfrac{p^2}{2}\operatorname{arccosh}\left(\dfrac{n}{p}\right)$ 를 하시면,
빗금 친 부분의 넓이가 나옵니다.

 에! 진짜에요?
그렇게만 하면 진짜 각도(넓이)의 절반이 나와요?

 네! 그렇습니다.

 물론 계산은 계산기로 해야겠죠?

 네. 당연하죠.
적분을 해도 어차피 계산기 써야 하니까...
쌍곡선에서 넓이를 구하는 경우라면 '유미의 법칙'과 계산기를 이용해서 넓이를 구해도 괜찮지 않을까요?

 그렇기는 하겠네요? 증명은 적분을 배워야 알겠죠?
적분이란 것도 한번 배워보고는 싶네요.

 네! 차근차근 공부를 하시다보면 미분, 적분도 배우게 될 거예요.

## 쌍곡면각수

 여기서는 쌍곡면 각수에 대해 소개만 하겠습니다.

쌍곡면각수는 쌍곡면에서 사용하는 각수를 말합니다.
영어로는 split-quaternion이라 하네요.

겉으로의 형태나 계산의 형태나 방법은
곡면각수랑 닮은 면이 많이 있습니다.
하지만 이해하기 힘든 부분이 존재할 수밖에 없습니다.
그래서 쌍곡면에 대한 그래프가 많이 필요한데,
현재 가지고 있는 어플리케이션으로는
정확한 그래픽을 구현하는 것은 어렵습니다.
공간에 관한 건 그래픽 없이는 이해하기가 힘듭니다.
혹시 나중에 그래픽 작업이 가능해지면
쌍곡면 각수에 대해 정식으로 소개해 드리겠습니다.

쌍곡면각수 또한 결합법칙은 성립하고 교환법칙은 성립하지 않습니다.

위키백과사전을 검색하시면 대략의 내용은
찾아보실 수 있을 겁니다.

## 수 체계 분류

 지금까지 수에 대한 내용을 열심히 알려드렸습니다.
마지막으로 수를 분류해 보겠습니다.

 이건 개인적인 분류이고 가볍게 분류한 것이니
큰 의미를 부여하지는 마시고 보십시오.
그러나 다음의 이야기를 이해하신다면 수와 공간의 관계를
좀 더 잘 이해하실 수 있을 거라 생각합니다.

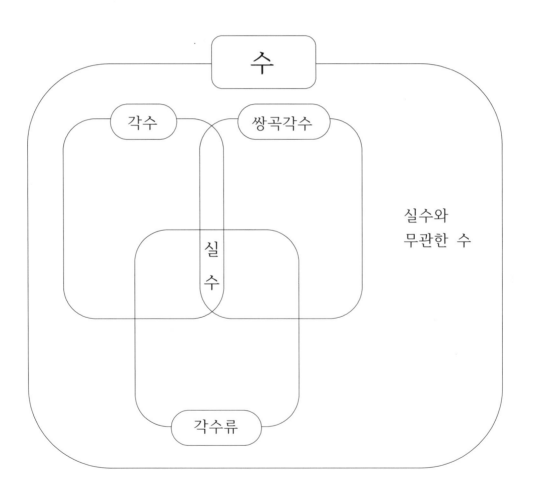

우리가 흔히 쓰는 수, 실수는 방향이 없는 수입니다.

그 실수는 $[0°]$와 $[180°]$의 각수로 나타납니다.

실수에서의 '+'와 '−'는 방향의 의미가 아닙니다.

증가와 감소의 의미입니다.

우리는 흔히 실수를 수직선상의 점과 대응을 시킵니다.

그리고 우리는 이런 실수를 합니다.

'실수는 방향을 가진다.'

하지만 수직선은 벡터이고 벡터의 크기를 나타내거나

벡터의 크기에 대한 증가와 감소를 나타내기 위해서

실수를 사용하는 것은 맞습니다.

하지만 실수는 결코 방향을 나타내지 않습니다.

그리고 실수 자체는 회전의 의미가 없습니다.


수직선은 수많은 벡터 중 하나입니다.


이때 수직선을 세로로 세우고 가로를 실수축으로 사용한 것이 이 책에서 이차원의 수로 소개하는 일차원 각수 공간이 됩니다.

그리고 이 공간에서 드디어 방향요소와 실수를 혼합해서 사용하게 되고 각수의 회전 개념이 등장합니다.


직각좌표계의 이차원 공간은 두 벡터가 만든 공간입니다.

그 공간에는 각수가 있을 수 없습니다.

왜냐하면 모든 벡터는 회전각 $90°$를 가지고 있어서 벡터의 곱에서 한 평면에 있는 서로 다른 두 벡터에 대하여 모두 수직인 공간을 표현하기 위해서는 새로운 방향의 벡터가 필요하기 때문입니다.

드디어 공간에서의 방향을 표시할 수 있는 세 개의 벡터가 등장합니다.
이 공간에 존재하는 어떠한 서로 다른 두 벡터에 대해서도 수직인 벡터는 존재합니다.
따라서 공간에 있는 서로 다른 두 벡터에 대해서 곱셈이 가능하게 됩니다.
더불어 각수 공간도 생기게 됩니다.
사차원 벡터공간은 존재할 수 있지만 곱을 정의할 수 없기 때문에 사차원 각수공간은 존재하지 않습니다.
벡터공간은 무한히 확장할 수 있습니다.
하지만 각수공간은 벡터공간에서 곱이 정의될 때에만 존재합니다.

실수를 사용하는 일차원 쌍곡각수 공간도
이차원의 수로 분류합니다.
쌍곡면 각수 또한 실수가 사용되고
삼차원 쌍곡각수가 됩니다.

아마도 수학자들은 곱셈이 가능한 벡터공간을 찾아놓았을 거라 생각합니다.

저는 삼차원 벡터공간이나 각수공간을 초과한 내용에 대해서는 아직 모릅니다.

여기까지 읽어주셔서 감사하고 이후에 출판되는 2권에서도 접해보지 못했던 내용이 다수 포함될 겁니다.
사실 어쩌면 위키 백과사전에 있을 수도 있지만,
제가 나름대로 사고하여 찾아낸 것들이고 초등학생도 충분히 이해시킬 수 있었기 때문에 책으로 만들려고 합니다.

1권, 2권이 충분히 이해된다면 3권 또한 충분히 이해할 수 있는 내용입니다.
지금까지 읽어주셔서 감사합니다.

## 감사하며...

우리에게 꼭 필요한
그리고 꼭 알아야 할 수의 소개는 여기서 마치겠습니다.

끝까지 봐주셔서 무척 감사합니다.

책이 출간이 되면 '유튜브'로 이 책에 있는 내용과 추가적인 설명을 할 예정입니다.
(채널이름 : **OMEGA MATH** 또는 '**초강**' 검색)
'유튜브' 강의는 초등학생이 진행할 예정입니다.

이 초등학생은 거의 아무것도 모른 상태에서
약 2개월 정도 이 책의 강의를 들은 학생입니다.

약간 어설프더라도
책 내용은 확실히 전달할 수 있을 겁니다.

이 책은 초등학생도 알 수 있을 정도로 쉬운 내용입니다.

각수 개념으로 복소수를 접근하면 그렇게 어렵지 않을 거고, 벡터나 구면각수 또한 최대한 해설을 해놓았는데 부족한 부분이 있을 수 있습니다.

관대하게 봐주셨으면 감사하겠습니다.

다음 시간에는 무엇을 배우나요?

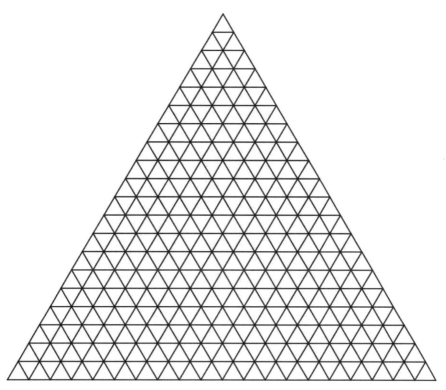

 그림에 있는 모든 삼각형(크기가 다른 것도 포함)의 개수는
몇 개일까요?

 음! 작은 삼각형만 세라고 하면 셀 수 있겠는데...
모든 형태의 삼각형의 개수를 모두 말하라는 거죠?

 네! 거꾸로 된 것도 포함해서요.
한번 도전해 보세요.

또한 아래와 같은 수를 구하는 방법도 배울 거예요.

$1 \times 2 \times 100 + 2 \times 3 \times 99 + \cdots 100 \times 101 \times 1$

 헉! 하나하나 구하려면 시간이 좀 걸리겠는데요.

 다음 시간에 간단히 구하는 방법을 알려드릴 겁니다.

이러한 것들 외에도 다양한 형태들의 합을 구하는 방법을 알아볼 겁니다.

기대 잔뜩 하시고 복습도 잔뜩 하시고 수업에 참여하시면 되겠습니다.

 네, 다음 시간에 뵈어요!

## 마치며...

저는 머리가 나쁘다는 말을 많이 듣습니다.
하지만 저에 대한 다른 사람의 선입견이
저의 미래를 좌우하게 할 수는 없습니다.
그래서 정말 최선을 다해서 공부하고 있습니다.

수학 강국은 세계를 지배합니다.
지금까지 세계 역사를 살펴보면 결국 수학을 잘하는 사람
이 많은 나라가 세계의 흐름을 주도했습니다.

그러나 안타깝게도 현재 우리가 학교에서 배울 수 있는
수학에 관한 내용은 한계가 있습니다.
그리고 학교에서 배울 수 있는 수학의 내용은 해가 갈수록
줄어들고 있습니다.

'기하와 벡터'는 미래를 위한 초석입니다.
그런데도 저의 후배 학생들은 기하와 벡터를 접할 기회가
줄어들더군요.
기하와 벡터는 4차 산업을 위해서 꼭 필요한 분야인데
학생인 저로서는 사실 이해가 가지 않습니다.

컴퓨터 관련 쪽이나
로봇, AI(Artificial Intelligence) 분야 외에도 여러 분야에
서 꼭 필요한 지식이 기하와 벡터입니다.

오히려 중학생 때부터 시작해야 할 공부라고 생각합니다.

빠르면 빠를수록 그리고 자주 접하면 접할수록 기하와 벡터는 쉬워지기 때문입니다.

공부는 필요하다고 느낄 때 시작하는 것이 좋습니다.

제대로 공부하려고 했을 때
저의 책이 여러분을 수학의 세계로 이끌어 주는
지도(map)가 되었으면 좋겠습니다.

결코 답이 있을 수 없는 문제에 집착하지 마십시오.
"나는 왜 사는가?"라는 질문보다
"나는 세상을 위해서 무엇을 할 수 있을까?"라는
질문을 한다면
빠르게 당신의 재능을 찾을 수 있을 겁니다.

일찍 준비할수록 당신의 미래는 밝습니다.
열심히 달려봅시다.

\* $dy,\ dx$에 대한 이야기를 잠깐 하려고 합니다.

$dy,\ dx$는 '**무한소**'라는 '**수**'이지 미분하라는 기호가 아닙니다. 나중에 무한소와 무한대를 다룰 때 **수**로써 다뤄야만 미적분이 이해됩니다.

단순히 미분하라는 **연산자**로 여기고서 미분방법만 외운다면 **미소(微小) 세계**에서 어떤 현상이 일어나는지 전혀 알 수 없게 됩니다.

이 책은 저의 단순한 생각을 정리한 거라서
오류가 있을 수도 있습니다.

혹시 오류가 있다면 e-mail로 알려주시면 고맙겠습니다.
bsbs0369@naver.com

그리고 마지막으로
제가 이 책을 쓰는 동안 캐릭터 작업에 도움이 되었던 저의 누님과 친구 강우성과 김태웅에게 고맙다는 말을 전하고 싶습니다.

특히 아끼던 자료를 책으로 쓸 수 있게 해주신 공동저자이신 '이동선' 선생님께도 감사의 말씀을 드립니다.

부록1. 교점의 좌표 구하기(나머지 방법)

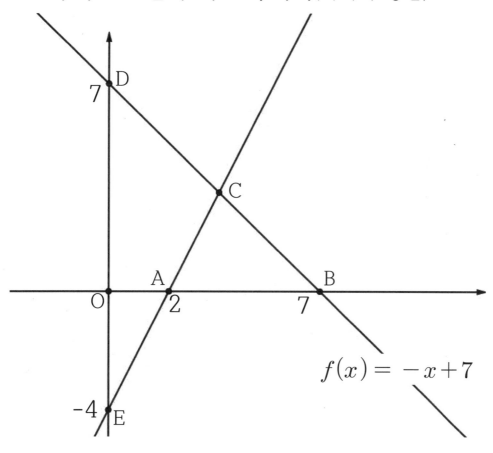

점 C를 나타내는 각수는

$\overrightarrow{OB}+\overrightarrow{BC}$와 $\overrightarrow{OD}+\overrightarrow{DC}$

그리고 $\overrightarrow{OE}+\overrightarrow{EC}$와 $\overrightarrow{OA}+\overrightarrow{AC}$가 있다.

$\overrightarrow{OB}+\overrightarrow{BC}$와 $\overrightarrow{OA}+\overrightarrow{AC}$는 본문 내용 중에서 사용했고,

$\overrightarrow{OB}+\overrightarrow{BC}$와 $\overrightarrow{OE}+\overrightarrow{EC}$를 이용하면 다음과 같다.

$-4i+l(2+4i)=7+k(-7+7i)$가 성립하기 때문에,

$-4+4l=7k$, $2l=7-7k$가 성립한다.

$7k$ 대신에 $-4+4l$을 대입하고 정리하면,

$$2l = 7+4-4l \rightarrow l = \frac{11}{6}$$

$-4i + l(2+4i)$식에 $l = \frac{11}{6}$을 대입하면,

$\frac{11}{3} + \frac{10}{3}i$이므로 교점의 좌표는 $(\frac{11}{3}, \frac{10}{3})$이다.

$$\overrightarrow{OD} + \overrightarrow{DC} \text{와} \overrightarrow{OA} + \overrightarrow{AC}$$
그리고 $\overrightarrow{OD} + \overrightarrow{DC}$와 $\overrightarrow{OE} + \overrightarrow{EC}$를 이용해도
동일한 교점의 좌표를 구할 수 있다.

각수의 특징 때문에 어떤 경로를 이용하더라도 최종점만
같으면 같은 수를 의미하고 결과는 모두 같다.

## 부록2. 평면좌표에서 점의 회전

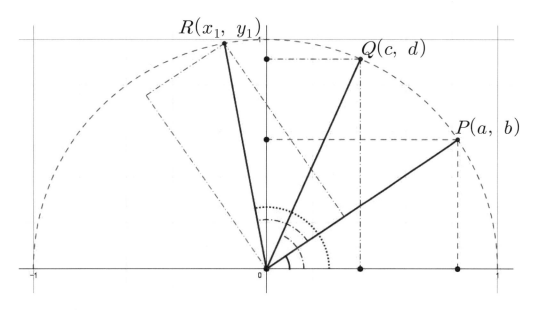

반지름이 1인 원 위에, $P$, $Q$, $R$ 이 있다.

그러므로 $\sqrt{a^2+b^2}=\sqrt{c^2+d^2}=\sqrt{x_1^2+y_1^2}=1$ 이다.

여기서 $Q$가 만들고 있는 사각형을 $P$사각형의 대각선 위에 놓는다.

$P$, $Q$대각선이 만드는 두 각의 합에 의하여, $x$축에서부터 $R$까지의 대각선이 만드는 각이 된다.

$R(x_1, y_1)$의 $x$, $y$의 좌표를 구해보자.

먼저, $P$를 지나는 직선의 방정식

$bx-ay=0$ --------------------------------- ①

위의 방정식에 수직이면서, $x_1$, $y_1$을 지나는 방정식은

$a(x-x_1)+b(y-y_1)=0$ ------------------- ②

①의 방정식으로부터 $R(x,\ y)$까지의 거리는 $d$이다.

$$|bx_1 - ay_1| = d$$

원점에서 ②의 방정식까지의 거리는 $c$ 이다.

$$|ax_1 + by_1| = c$$

그림을 참조해서 절댓값 기호를 제거해보자.

$$-bx_1 + ay_1 = d \qquad (x_1 < 0)$$
$$ax_1 + by_1 = c$$

연립방정식을 풀어서 $x_1$, $y_1$을 구하면,

$$x_1 = ac - bd$$
$$y_1 = ad + bc$$

위에서 구한 값은
$(a+bi)(c+di)$의 결과와 일치한다.

$$\mathrm{Arctan}\left(\frac{b}{a}\right) + \mathrm{Arctan}\left(\frac{d}{c}\right) = \mathrm{Arctan}\left(\frac{ad+bc}{ac-bd}\right)$$

위 식을 이용하면 각각의 각도가 나온다.
곱하기 전의 두 각도를 더하면
곱한 후 나오는 각도와 일치함을 확인할 수 있다.

## 부록3. 쌍곡각수의 넓이 구하기

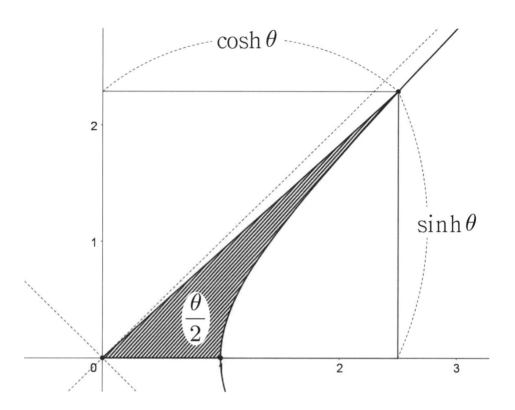

$$x^2 - y^2 = 1 \rightarrow y = \pm \sqrt{x^2 - 1}$$

$$x = \cosh \theta$$

$$y = \sinh \theta = \pm \sqrt{x^2 - 1}$$

$$\frac{\theta}{2} = 삼각형의 \; 넓이 - 쌍곡선 \; 부분의 \; 넓이$$

$$삼각형의 \; 넓이 = \frac{1}{2}xy$$

$$쌍곡선부분의 \; 넓이 = \int_1^x \sqrt{x^2 - 1} \, dx$$

$$I = \int_1^x \sqrt{x^2 - 1} \, dx \text{라고 한 후, 부분적분 수행}$$

$$I = \int_1^x \sqrt{x^2 - 1} \, dx = \left[ x\sqrt{x^2 - 1} \right]_1^x - \int_1^x \frac{x^2}{\sqrt{x^2 - 1}} \, dx$$

$$\int_1^x \frac{x^2}{\sqrt{x^2 - 1}} \, dx = \int_1^x \frac{x^2 - 1 + 1}{\sqrt{x^2 - 1}} \, dx$$

$$= \int_1^x \sqrt{x^2 - 1} \, dx + \int_1^x \frac{1}{\sqrt{x^2 - 1}} \, dx$$

$$= I + \int_1^x \frac{1}{\sqrt{x^2 - 1}} \, dx$$

$$= I + \text{arccosh} \, x$$

$$\left( \frac{d}{dx} \text{arccosh} \, x = \frac{1}{\sqrt{x^2 - 1}} \right)$$

$$I = x\sqrt{x^2 - 1} - I - \text{arccosh} \, x$$

$$2I = xy - \text{arccosh} \, x$$

$$I = \frac{1}{2} xy - \frac{1}{2} \text{arccosh} \, x$$

그러므로 빗금 친 부분의 넓이는

$$\frac{1}{2} xy - \left( \frac{1}{2} xy - \frac{1}{2} \text{arccosh} \, x \right) = \frac{1}{2} \text{arccosh} \, x$$

$$\frac{1}{2} \text{arccosh} \, x = \frac{1}{2} \text{arccosh} \, (\cosh \theta) = \frac{\theta}{2}$$

## 부록4. 행렬 곱셈의 정의

$$a_1 x + b_1 y = x_1$$
$$c_1 x + d_1 y = y_1$$
$\cdots\cdots\cdots\cdots\cdots$ ①

$$a_2 x_1 + b_2 y_1 = x_2$$
$$c_2 x_1 + d_2 y_1 = y_2$$
$\cdots\cdots\cdots\cdots$ ②

위의 계산 과정을 거쳐서,

평면상의 $P(x, y)$가 $R(x_2, y_2)$가 된다고 하자.

②번 연립방정식의 $(x_1, y_1)$에 ①번식을 대입한다.

$$a_2(a_1 x + b_1 y) + b_2(c_1 x - d_1 y) = x_2$$
$$c_2(a_1 x + b_1 y) + d_2(c_1 x - d_1 y) = y_2$$

정리하면

$$(a_2 a_1 + b_2 c_1)x + (a_2 b_1 + b_2 d_1)y = x_2$$
$$(c_2 a_1 + d_2 c_1)x + (c_2 b_1 + d_2 d_1)y = y_2$$

①번을 행렬식으로 정리하면

$$\begin{pmatrix} a_1 \ b_1 \\ c_1 \ d_1 \end{pmatrix}$$

②번을 행렬식으로 정리하면

$$\begin{pmatrix} a_2 & b_2 \\ c_2 & d_2 \end{pmatrix}$$

처럼 된다.

마지막 정리한 내용을 행렬식으로 나타내면,

$$\begin{pmatrix} a_2a_1 + b_2c_1 & a_2b_1 + b_2d_1 \\ c_2a_1 + d_2c_1 & c_2b_1 + d_2d_1 \end{pmatrix}$$

종합적으로 정리하면,

$$\begin{pmatrix} a_2 & b_2 \\ c_2 & d_2 \end{pmatrix}\begin{pmatrix} a_1 & b_1 \\ c_1 & d_1 \end{pmatrix} = \begin{pmatrix} a_2a_1 + b_2c_1 & a_2b_1 + b_2d_1 \\ c_2a_1 + d_2c_1 & c_2b_1 + d_2d_1 \end{pmatrix}$$

의 형태로 정리 된다.

위의 형태를 살펴보면,

$$\begin{pmatrix} 1행·1열 & 1행·2열 \\ 2행·1열 & 2행·2열 \end{pmatrix}$$

의 형태가 된다.

따라서 행렬식의 곱셈은
위와 같은 과정을 만족하도록 정의된다.